ROYAUME DU MAROC
0,70 POSTES
МЕЖДУНАРОДНЫЙ БИОХИМИЧЕСКИЙ КОНГРЕСС
МБК
МОСКВА
СССР ПОЧТА
IRAN
5R.
CORREOS
1964
CINCUENTA ANIVERSARIO DE LA MUERTE DE FINLAY
CUBA CORREOS
7c
CANADA
5c
UNITED STATES POSTAGE
3¢
HARVEY W. WILEY
50TH ANNIVERSARY PURE FOOD AND DRUG LAWS
REPVBBLICA ITALIANA
POSTE 25 LIRE
BATTISTA GRASSI 1925-1955
REPUBLIQUE FRANÇAISE
0,30+0,10
WALKA Z MALARIA
POLSKA
中国人民邮政
KANKERBESTRIJDING
25 +8c
NEDERLAND
REPUBLIQUE FRANÇAISE
30f
CHARDONNET
POSTES
60
2/3/4-1974
6e Colloque Africain de Micropaléontologie
REPUBLIQUE TUNISIENNE
REPUBLICA DOMINICANA
6c CORREOS
1874
1949
KANKERBESTRIJDING
10 +5c
NEDERLAND
50 ЛЕТ ОКТЯБРЯ-ЭТО ОСУЩЕСТВЛЕНИЕ КУЛЬТУРНОЙ РЕВОЛЮЦИИ
ПОЧТА СССР 4к
REPUBLIQUE DU SENEGAL
LUTTE CONTRE LA LEPRE-DEPISTAGE
20F
IAMS
AISM
IX МЕЖДУНАРОДНЫЙ КОНГРЕСС ПО МИКРОБИОЛОГИИ
ПОЧТА 1966 СССР 6К
RESEARCH INSTITUTE 1942-1967
COCOA
10Np
GHANA
REPUBLIQUE TUNISIENNE
CRUSADE AGAINST CANCER
EARLY DIAGNOSIS SAVES LIVES
5c
UNITED STATES
CINCUENTA ANIVERSARIO DE LA MUERTE DE FINLAY
13c
CUBA CORREOS
SAINT-PIERRE ET MIQUELON
POSTES 30F
ALBERT CALMETTE 1863-1933
2ND INT. CONFERENCE ON THE GLOBAL IMPACTS OF APPLIED MICROBIOLOGY
ETHIOPIA
$1.
NOVEMBER 1967
1/6
University of MALAWI
ROYAUME DU BURUNDI
5F+2,50F
LUTTE CONTRE LA TUBERCULOSE
100 JAHRE MATERIALPRÜFUNG IN BERLIN • 1871-1971
DEUTSCHE BUNDESPOST BERLIN
30
1965 DEUTSCHE DEMOKRATISCHE REPUBLIK
LEIPZIGER HERBSTMESSE
25
1964
LUXEMBOURG
1F25
Secours Intern^al aux Intellectuels
CORREO DEL PARAGUAY
AEREO
50
BODA DE ORO DEL LEONISMO
"NOSOTROS SERVIMOS"

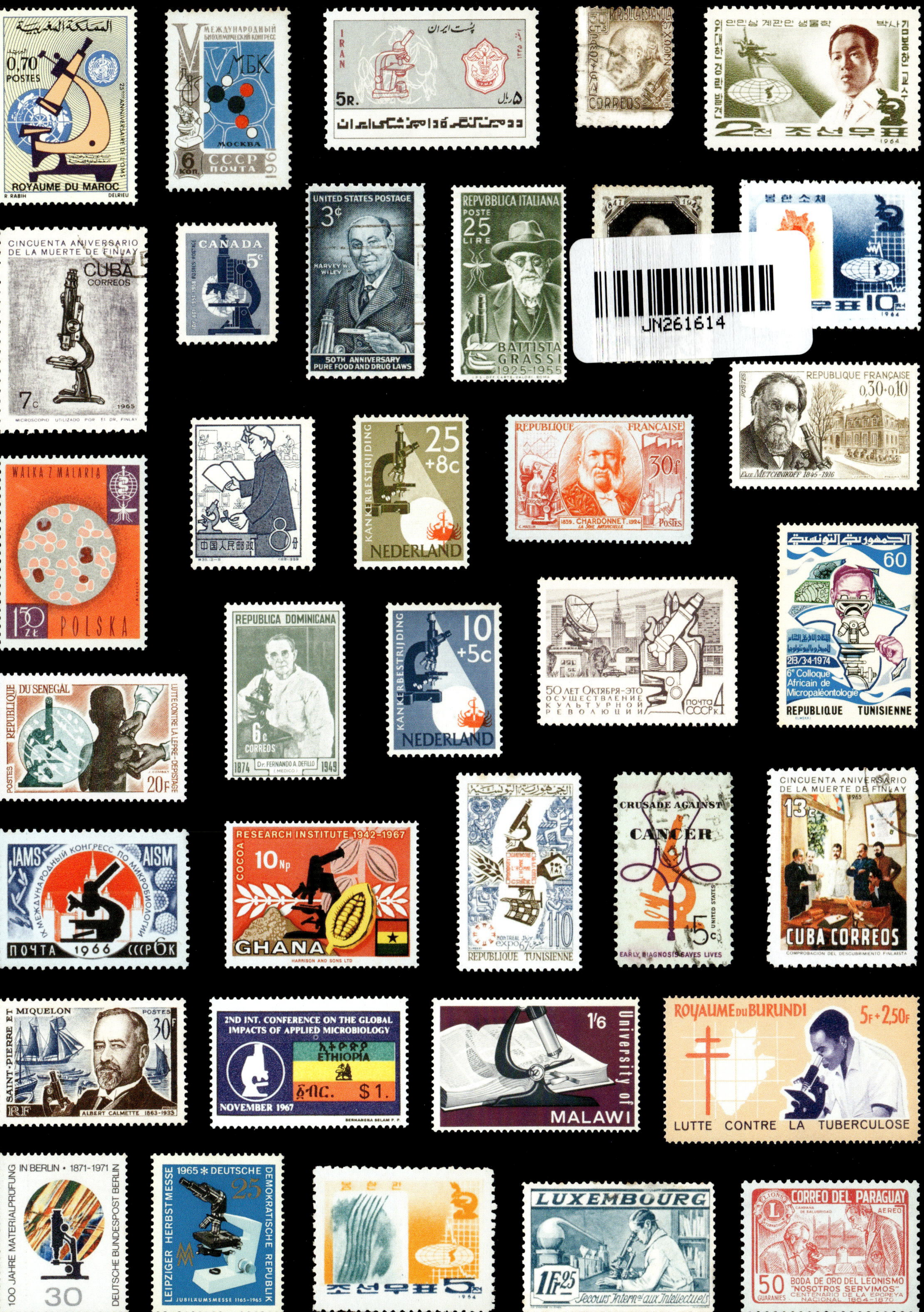

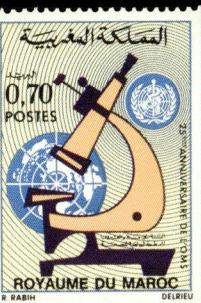

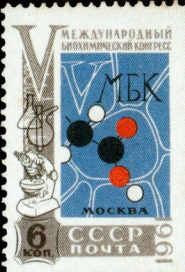

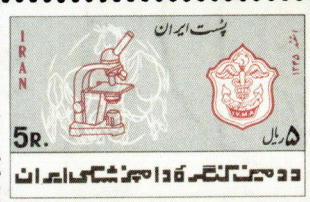

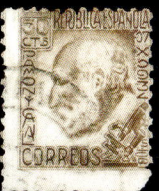

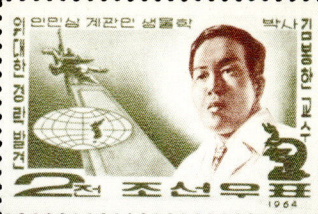

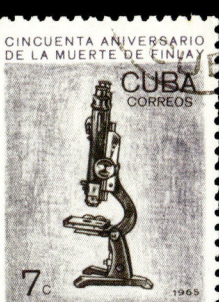

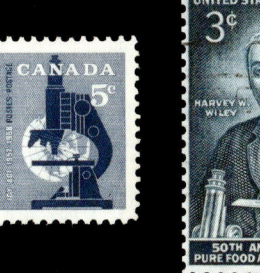

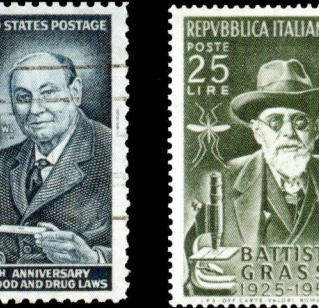

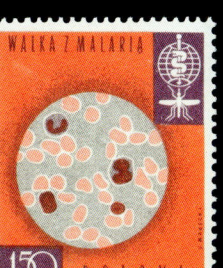

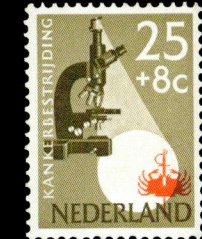

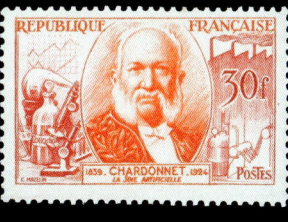

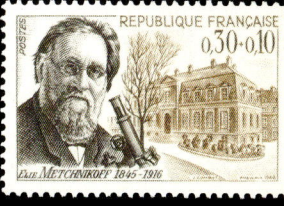

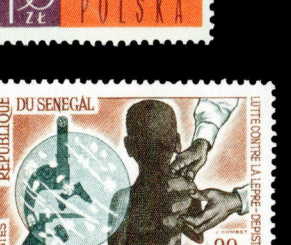

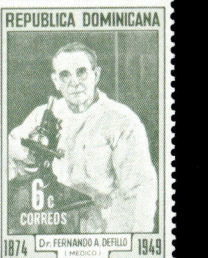

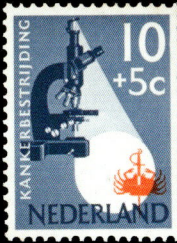

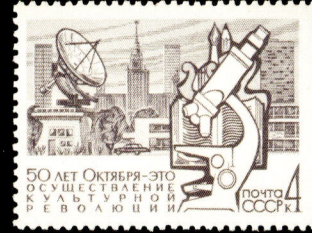

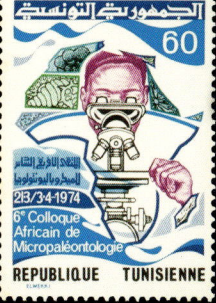

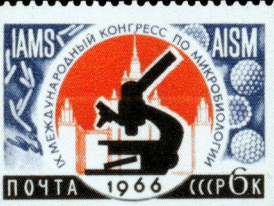

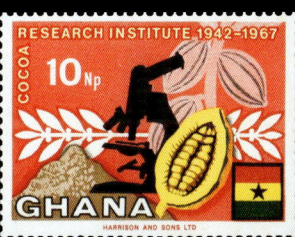

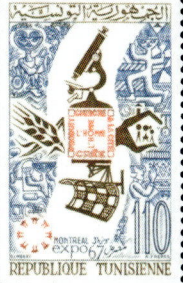

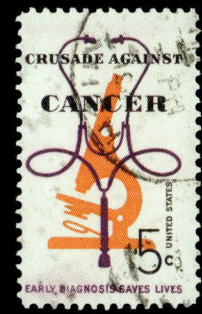

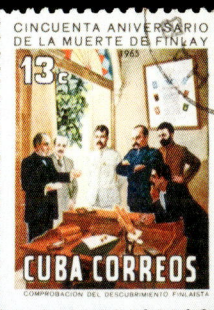

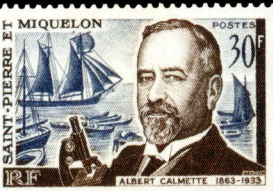

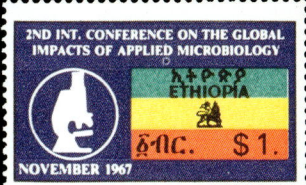

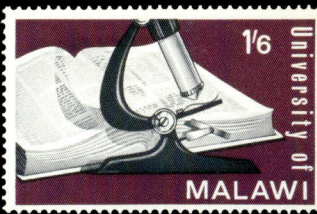

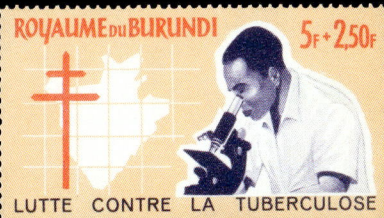

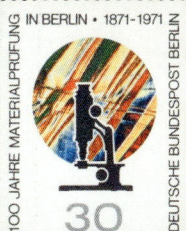

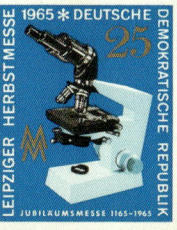

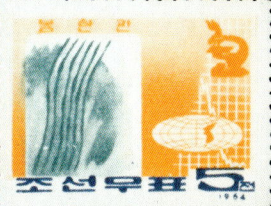

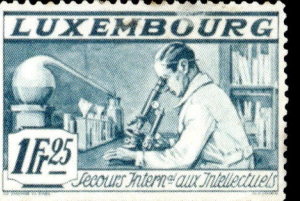

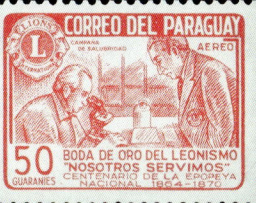

## マイクロスコープ
# MICROSCOPE

浜野コレクションに見る顕微鏡の歩み

秋山 実
MINORU AKIYAMA

Ohmsha

# はじめに

秋山 実（あきやま みのる）

　1590年頃、オランダのヤンセン親子が2枚の凸レンズで複式の顕微鏡を発明した、と言われているが、これについては不明の点が多く、記録が残っている1619年以前という見方が強くなっている。

　また、1609年にはオランダのリパーシーが望遠鏡を発明。同年、ガリレオ・ガリレイは、自作の望遠鏡で木星や土星の衛星、月面の山などを発見したというように、顕微鏡と望遠鏡はほぼ同時代に相次いで発明されたようである。

　1665年、イギリスの科学者ロバート・フックは、自作の顕微鏡でノミ、シラミなどの昆虫のほか、コルクやタネなど多数のスケッチで「MICROGRAPHIA」を発刊したが、発行後、ヨーロッパでは王侯貴族や富裕層の人たちにより、顕微鏡が娯楽の対象として大いに流行したという。

　しかし、当時はまだ顕微鏡レンズの品質が悪く十分な観察が出来なかった。そのため、オランダのレーヴェンフック（レーウエンフック）は、1670年頃に単眼の顕微鏡を発明し、赤血球やバクテリア、精子などを発見した。彼は拡大率を高めるために、曲率の高い非常に小さな球体レンズを作ったのだった。

　産業革命の影響もあってか、初期の顕微鏡はイギリスやフランスで多く生産されたが、カール・ツァイスが1847年に顕微鏡の製作を開始、ライツも1870年に実用顕微鏡を世に送り出すと、性能の優れたドイツの顕微鏡が次第に中心となって行く。顕微鏡は科学や医学のために大きな貢献をし、また、研究目的により多機種の顕微鏡が生産された。

　顕微鏡が日本に入って来た正確な時期は不明で、望遠鏡より遅れて1750～60年代にオランダから入って来たのではないかと思われ、それを模した木製の顕微鏡が日本でも僅かながら作られた。

　1887年（明治20年）頃からはドイツの顕微鏡が入荷するようになったが、1904年

の日露戦争が始まるとドイツからの輸入は止まり、輸入出来たのはオーストリア製品のみであった。更に1914年の第一次大戦が始まると顕微鏡の輸入は完全にストップし、多くの研究者や医師が困惑したため、国産顕微鏡の生産が急がれた。

時を同じくして、1914年（大正3年）に工業生産としては国産初の顕微鏡「エム・カテラ」が発表された。生産したのは翌年に会社を設立したエム・カテラ光学器械製作所（後の千代田光学工業）である。

1920年には高千穂製作所が生産を開始。当初の商標は「トキワ」であったが、その後「オリンパス」に変わり、戦後現社名になる。

また、日本光学工業（1988年ニコンに改称）は1921年にドイツ人技術者8名を招聘、1923年頃のカタログに「ビクター2号」が掲載されている。1925年にはアハト設計の対物レンズを使用した「ジョイコ」を発売するなど生産に力を入れたが、第二次大戦中の中断を経て戦後生産を再開した。

ただ、日本各社で生産された顕微鏡は、総てドイツ製品のコピーから出発している。それは、外観、寸法、レンズ設計に至るまで徹底したものであった。これが問題にならなかったのは、ツァイス社がイエナ大学の物理学者エルンスト・アッベを迎え入れたことに始まる。後に社長となったアッベが「人類の福祉のために役立つ機械だから」との考えから、技術の特許を取らず公開した経緯があったからである。

ところで、東京本郷赤門前にある（有）浜野顕微鏡は、日本で唯一の顕微鏡専門店として知られている。先代浜野太郎氏（1910〜1997年）は、顕微鏡店を経営される傍ら、膨大な数の顕微鏡を収集され、現社長の浜野一郎氏も、継続して収集に情熱を傾けて来られた。

今回の写真集では、浜野コレクションのごく一部ではあるが、主として1940年以前の顕微鏡とその付属品を取り上げた。

顕微鏡は技術者の努力によって進化の道を歩んできた。各社のレベルの違いから、その歩みを正確に年代順に並べることは出来なかったが、大まかな流れに纏めることは出来たと考えている。また、単に顕微鏡本体を並べるのではなく、その顕微鏡の特徴を捉える構成になるように努めた。

オランダのレーヴェンフックが、1670年頃に小さなガラス玉レンズを挟んだ顕微鏡を発明。
これは初期型レーヴェンフック顕微鏡のレプリカ。針に差した虫などをネジで位置と焦点を調節し、
反対側から眼をぎりぎりに近付けて観察する。

レーヴェンフック顕微鏡　1670年頃　レプリカ
Simple microscope, Leeuwenhoek, ca.1670, Replica
オランダのレーヴェンフックが、1670年頃に小さなガラス玉レンズを挟んだ顕微鏡を発明。
これは初期型レーヴェンフック顕微鏡のレプリカ。針に差した虫などをネジで位置と焦点を調節し、
反対側から眼をぎりぎりに近付けて観察する。

# 浜野顕微鏡の歴史

浜野一郎（はまの　いちろう）

### ■ 浜野顕微鏡の仕事

　有限会社浜野顕微鏡は、その名の通り顕微鏡に関する製品を販売する専門店です。私の父、浜野太郎は、叔父の浅見高明が医科学機械販売として明治30年代に創業した浅見商店に、大正12（1923）年入社して、顕微鏡販売業務に関わり、昭和20（1945）年にその業務を引き継ぐ形で浜野顕微鏡商店を立ち上げ、昭和33年に東京大学赤門前に移転しました。そして昭和55年に代表を私、浜野一郎として有限会社に改組し現在に至っております。

　需要が限られている事もあり、顕微鏡だけの販売店というのは他にはあまりないと思われます。顕微鏡を研究の中心に据えておられる研究者とお付き合いが出来ました事と、その研究者の方々のご要望に応えて下さったメーカーのご尽力があったことが、今日まで当店が存続できている要因で有ることは間違いないと思います。もちろん、三代目の私としては、先人たちの努力にも感謝しないわけにはまいりません。

　私が父の下で本格的に仕事に取り組み出したのは昭和46年5月のことでありました。当時、顕微鏡は一度お買い上げいただくと20年、30年とご使用いただくのは当たり前と考えられていたと思います。ですからご購入いただいた顕微鏡は、一生の身近な道具として大切にされてきました。その頃の研究者の方々の中には顕微鏡を毎日お使いいただいていて、その癖や特徴をすべて取り込み馴染んでおられたため、「顕微鏡は体の一部だ」とおっしゃる方もおられました。

　こうした大事な顕微鏡が故障した時は現在のように修理代品でその場を凌ぐという事が許されないこともありました。その場ですぐに直さないと明日の研究に支障が出るとのことで、冷や汗をかきながら必死の思いで修理したこと

浅見高明　　　　　　浜野太郎

が何度も有りました。この時の経験は今の私の貴重な財産になっております。

　東京から遠く離れた研究所で故障が発生して、日帰りの予定が結局2泊するハメになったこともありました。こんな時、修理完了した顕微鏡を前にとても喜んで下さる研究者のお顔は、私にとって何よりの喜びでありました。初めは宿命として引き継いだ顕微鏡の道で、私ごとき者にも「生かされている実感」をもたらしていただけたことを、大変有難く思い感謝しております。

### ■ 顕微鏡のコレクション

　現在の浜野コレクションは父の代から始まったものです。
　海外、特にヨーロッパの国々では古い顕微鏡は大切に保存されているようです。しかし、日本では顕微鏡は大学などの研究機関における研究遂行の一手段でしかない研究者が多いと思われます。したがって、特別に顕微鏡と深い関わりを持って下さる方以外は一定期間お使いいただくと、新しい研究のために新たに顕微鏡を購入されるか、顕微鏡を使わない分野の研究へ移行されてしまい、古い顕微鏡は処分されてしまいます。結果として特別な顕微鏡以外は研究機関には残らず、消えていくことになります。

昭和43年 オリンパス光学工業伊那工場見学　両側は会社の人

　このままでは日本国内の歴史ある顕微鏡が跡形もなく失われることを憂いた或る研究者の方から、父が収集して残すことを勧められ、昭和50年ごろから始めたと聞いております。

　父が収集を始めた当初は競合コレクターが少なかったようで、年々その数を増やしていきました。顕微鏡をお使いいただいた世代が交代して、それまで使われていた顕微鏡が不要になり処分される際に、浜野が集めているという情報を伝え聞き、持ち込まれることもあったようです。

　収集した顕微鏡の数が増えてくると珍しいものも入手出来るようになりました。そんな時は愛好家の方々にお集まりいただき、顕微鏡談義に花を咲かせておりました。

　父から顕微鏡収集を引き継いだ私は、お断りすることは一切無しに託してくださる顕微鏡はすべてお引き取りしてまいりました。その結果我が家の中は顕微鏡で埋め尽くされ、最近は断腸の思いでお断りせざるをえなくなってしまいました。

　私の手元に有る顕微鏡の多くが研究者の方々のお役に立ってきたと思われる形で残されております。大切に保管され美しい姿で今も光り輝く顕微鏡も有りますが、その他の顕微鏡はその使命を終わり打ち捨てられて埃やカビに塗れた状態で私のところにやってきます。

　これからは、これらの顕微鏡を使用可能の状態で後世に残すことが私の使命と考え、出来るだけ努力してまいりたいと思っております。

■ **顕微鏡再生の醍醐味**

　子供の頃から身近にあった玩具や時計などを、ペンチやドライバーを使って分解することが好きでした。父の収集した顕微鏡をばらしてしまい元に戻らなくなり、酷く叱られたこともありました。

　学業を終えた後、父から他人様のところに行って修行をして来いと大阪の顕微鏡会社に出されました。親子では実社会の厳しさは伝えられないとの父の経験からの措置でした。大阪では、今だからわかる多くの事柄を学ばせてもらえたと、その会社と父に感謝しております。

　この会社では、メーカーならではの修理技術の基本を知ることが出来ました。高校、大学と機械科に在籍した私は、本来の仕事である営業よりは製造現場や修理の方が向いていると実感していたので、充実した日々でした。

　大阪から東京の我が家に戻ると営業一辺倒になりました。もともと話術の下手な私は、お客様との関係がうまく行かなくなってきた時など、故障した顕微鏡を現場で修理したら、お客様にとても喜んでいただき自分の方向性を見出した気分になったものです。

　こうして培った修理技術を昔の顕微鏡に応用してみると、

現在の顕微鏡とは全く違った面白さが有ることがわかってきました。一台の古い顕微鏡を分解すると「精密な工作機械の無かった頃にどうしてこんなに精度の高い顕微鏡が作られたのだろう」などといった疑問が随所に発見されました。

学生時代の実習で「ヤスリ一丁で並行平面を出せ」という課題に、どれほど苦しんだか。そんな経験を持つ私には、分解した顕微鏡の部品の表面にヤスリの痕跡が有るにも関わらず「この滑らかさ、肌触りの良さは、一体何をしたら出せるのか」と、当時の工作者に是非とも聞いてみたいという衝動に駆られます。

また徒弟制度の厳しかった当時、この技術を習得するまでどれほどの血の涙を流したことであろう、と想像しながら修理に向かうと、当時の製作者たちの顕微鏡に対する愛情や高いプライドを一台の顕微鏡の中に感じられもします。

そうして復活した顕微鏡は私にとって何物にも替え難い宝物に変わっていくのです。

■ 楽しいミクロの世界

光学顕微鏡の歴史はその誕生以来、微小世界を覗いて楽しむことを目的に長い時を刻んできました。

イギリスでは『ミクログラフィア』という顕微鏡世界を絵で表現した本が出版され、顕微鏡で見たノミやアリ、ハエの姿が人々を驚かせていたようです。

日本でも『雪華図説』という雪の結晶を絵にした本が江戸期に出版されるなど、顕微鏡が遊びの道具として世の中に存在してきた歴史が書物として残されています。しかしそれは極めて限られた世界のものだったようです。

アッベ博士が顕微鏡像生成の理論を確立し、人類の様々な分野で顕微鏡が役に立つことが理解されると工業化され、量産体制が出来上がってきました。こうしたことでより

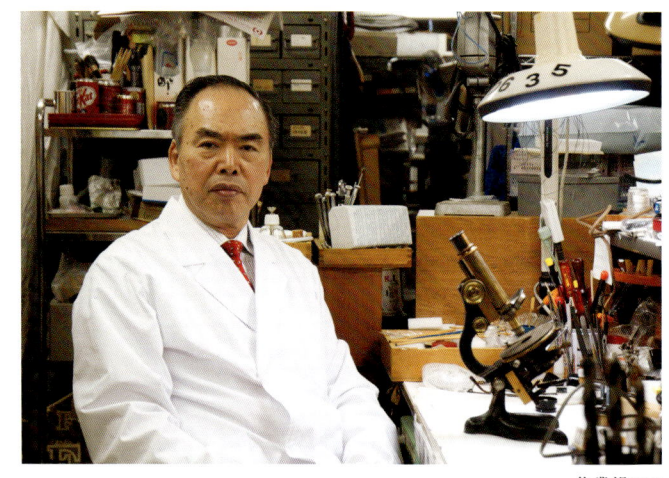

作業場にて

多くの人々が顕微鏡の世界に触れる機会が増え、趣味で顕微鏡を覗く人も当時、数多く存在したと思われます。

現代では研究者の多くが顕微鏡から別の世界に移行していると言われていますが、好奇心旺盛な皆様に趣味として顕微鏡世界に参入していただけるよう、楽しいミクロの世界の開拓に顕微鏡に携わる者として努力していきたいと思います。

この度、秋山実先生のご尽力で浜野コレクションの顕微鏡写真集を出していただくことになりました。この写真集が、顕微鏡観察とは別の観点から、楽しい顕微鏡の世界への入り口になっていただければ幸いと存じます。

有限会社浜野顕微鏡　代表取締役社長

# 顕微鏡 I

オランダのヤンセン親子が発明したとされる2枚の凸レンズを使った複式顕微鏡は、イギリスなど欧州各国で製作されるようになる。初期は筒型や3本足のカルペパー型などが主だったが、19世紀に入り工業製品化が進むにつれ、鏡筒も斜めに動かせる機種が出たほか、倍率を変える手間を省くための様々な工夫が見られるようになる。他にもステージ下に円板絞りを付けたり、焦点合わせの装置が組み込まれるなどの改良が加えられて行く。カール・ツァイスとエルンスト・ライツが顕微鏡製作を開始すると、その高性能が他を圧し、ドイツ製品が顕微鏡の中心となっていく。

筒型単眼顕微鏡　無銘　イギリス製と思われる　1840～1875年　Drum microscope, unsigned, English

カルペパー型木製単眼顕微鏡　無銘　1800年代　レプリカ　Compound microscope, Culpeper-type, unsigned, Replica
カルペパー（Culpeper）はイギリスで1725年より作られたが、日本には1770年代に入って来た。これは、1980年頃に複製されたもの。
右ページの画面左は3本の対物レンズ、右は接眼レンズのキャップ。

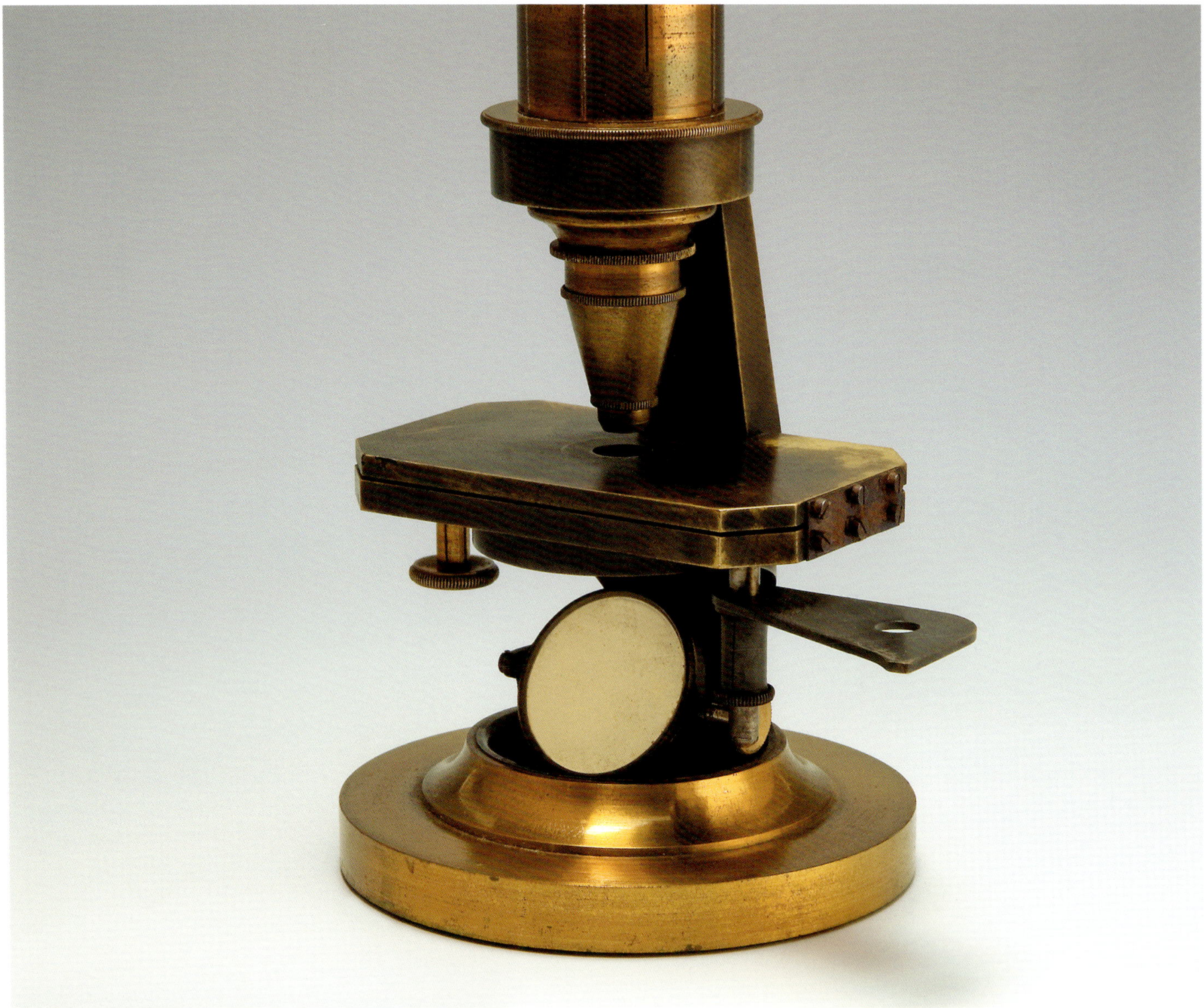

メルツ　丸台型単眼顕微鏡　ドイツ製　1858～1869年
Compound microscope, G.&Y. Merz, German
ハネノケ式1つ穴プレート絞り　ステージ下のつまみは微動装置で、右側面の板バネがヒンジとなってV字型に開く。

筒型単眼顕微鏡　無銘　イギリス製と思われる　1857〜1870年　Drum microscope, unsigned, English　粗動装置のみ、反射観察用集光レンズ付き、絞り無し

筒型単眼顕微鏡　ジョージ・オーベルハウザー製と思われる　フランス製　1830〜1857年　Drum microscope, unsigned, French
先端の黒い対物レンズを外すと低倍で見ることが出来る

筒型単眼顕微鏡　本体はフランス製と思われる　1875年頃　Drum microscope, unsigned, French

丸台型単眼顕微鏡　無銘　フランス製と思われる　1880年代　Compound microscope, unsigned, French

3本足小型単眼顕微鏡　無銘　イギリス製　1870～1890年　Compound microscope, unsigned, English
反射観察用集光レンズ付き。3本足の顕微鏡はイギリス特有のデザインであることから、British stand と呼ばれる。

U字型単眼顕微鏡　無銘　フランス製と思われる　1865〜1880年代　Compound microscope, unsigned, French　反射観察用集光レンズ付き

デニス・ロック　V字型双眼顕微鏡　イギリス製　1880〜1890年　Compound microscope, Dennis Rock, Wenham binocular, English
2本の鏡筒のうち1本は真直ぐ、もう1本はプリズムで斜めに屈折させている。ステージは複式十字動する。

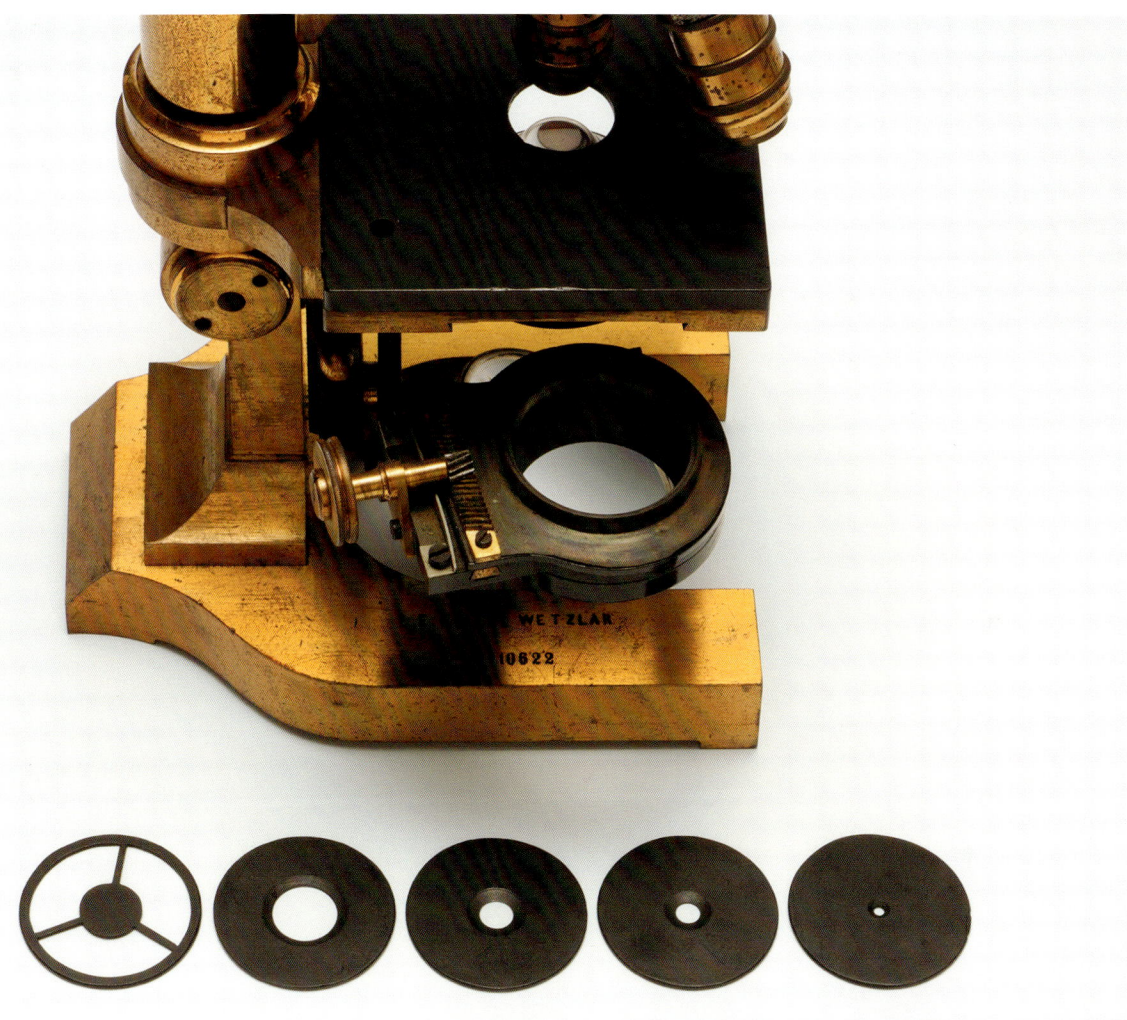
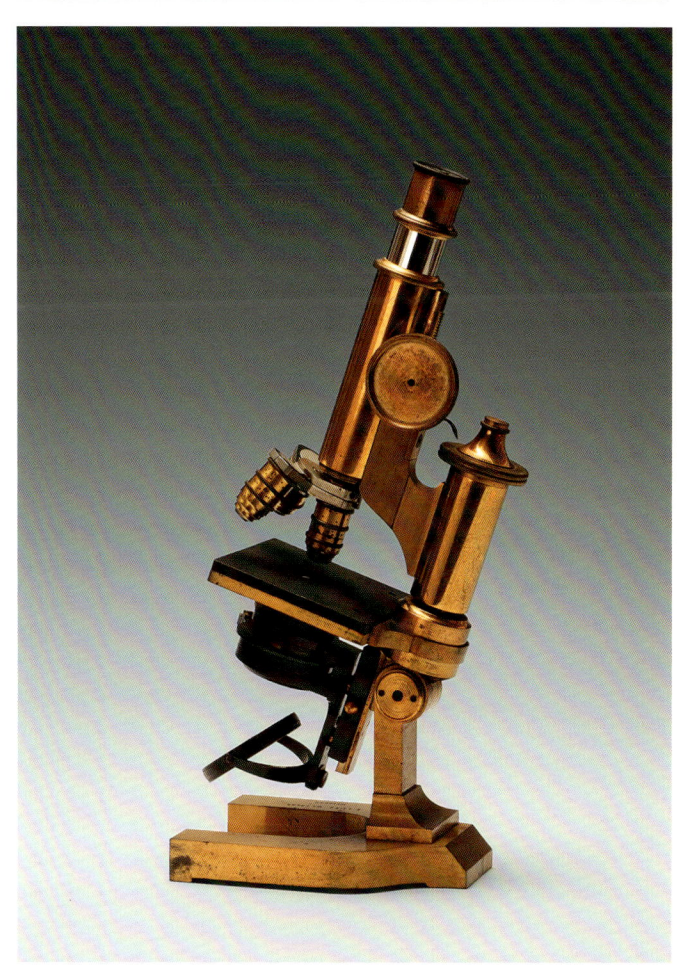

ライツ　U字型単眼顕微鏡　Ⅰa　ドイツ製　1887年
Compound microscope, Leitz "Ⅰa", German
ウオームギヤで斜光照明可能。上は暗視野板と4枚の円板絞り。また、福島県
猪苗代町の野口英世記念館がほぼ同型の"Ⅰb"を所蔵している。

ベック　双眼顕微鏡　イギリス製　1866年　Compound microscope, R&J Beck, Wenham binocular, English
3穴円板絞り　暗視野コンデンサと交換可。リーベルキューン鏡付き。安価で普及型のため広く親しまれた。
2本の鏡筒のうち1本は真直ぐ、もう1本はプリズムで斜めに屈折させている。1875年英国の海洋調査団がチャレンジャー号で来航したとき、この顕微鏡を積んでいて瀬戸内海のプランクトンの調査をした。東京帝国大学のモース教授もこの顕微鏡を使用。

鏡筒の角度は0〜90度まで6段階変えられる。

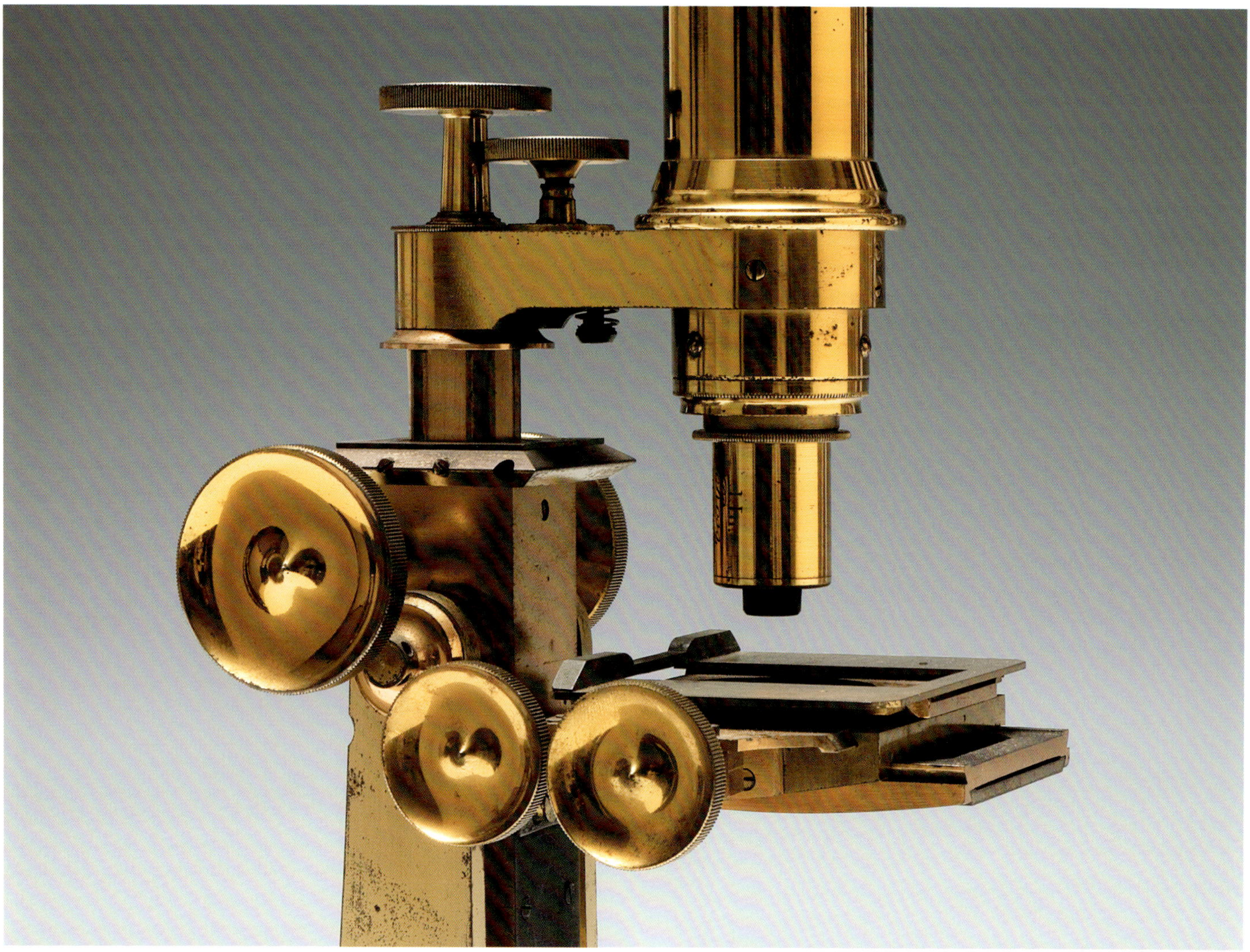

ロス　V字型単眼顕微鏡　イギリス製　1870～1890年　Compound microscope, Ross, English　3穴円板絞り　ステージは複式十字動

V字型単眼顕微鏡　無銘　イギリス製と思われる　1870〜1890年　Compound microscope, unsigned, English
ステージがスプリングで上下し、押さえ羽根でプレパラートを挟む構造。

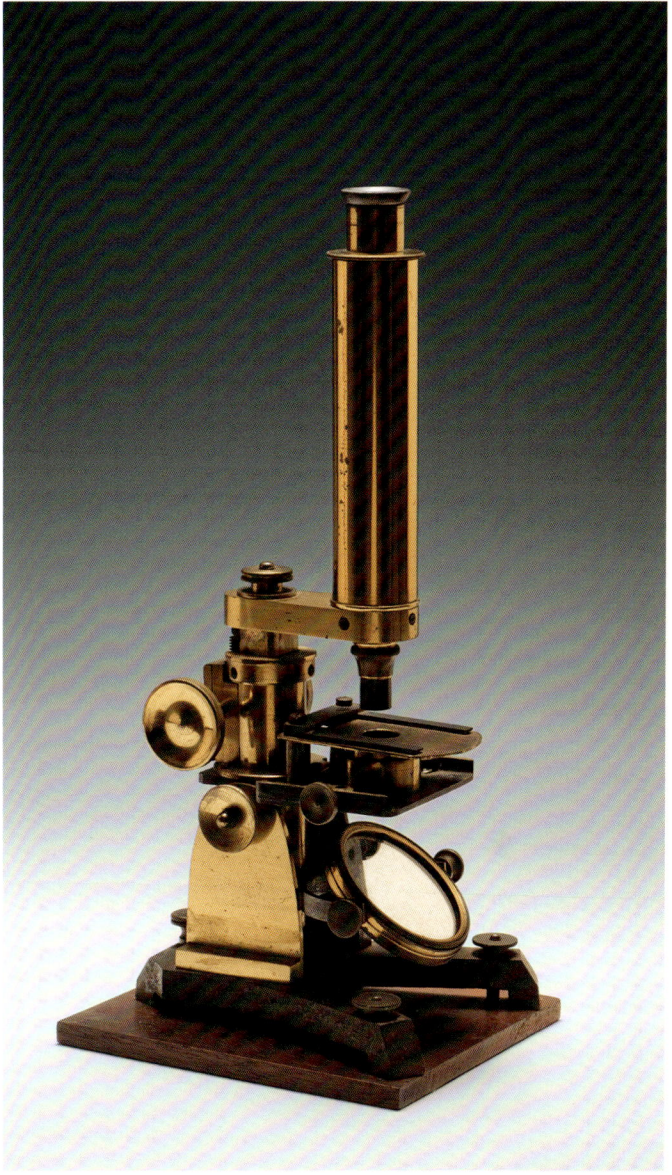

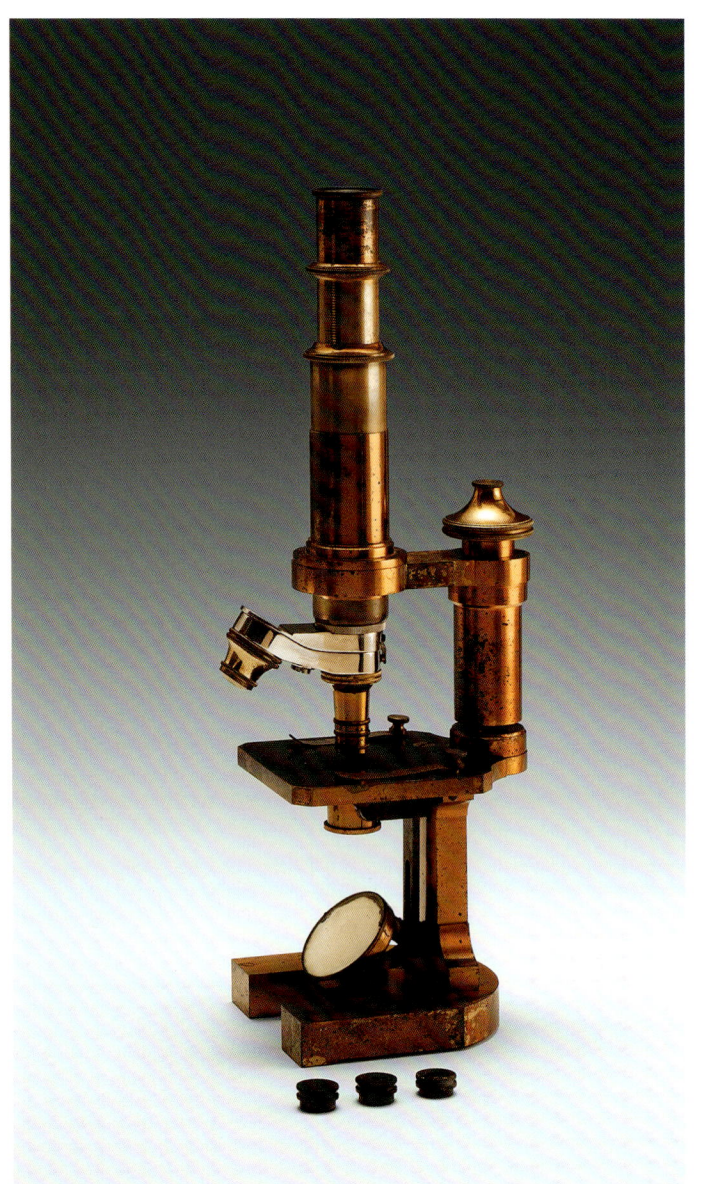
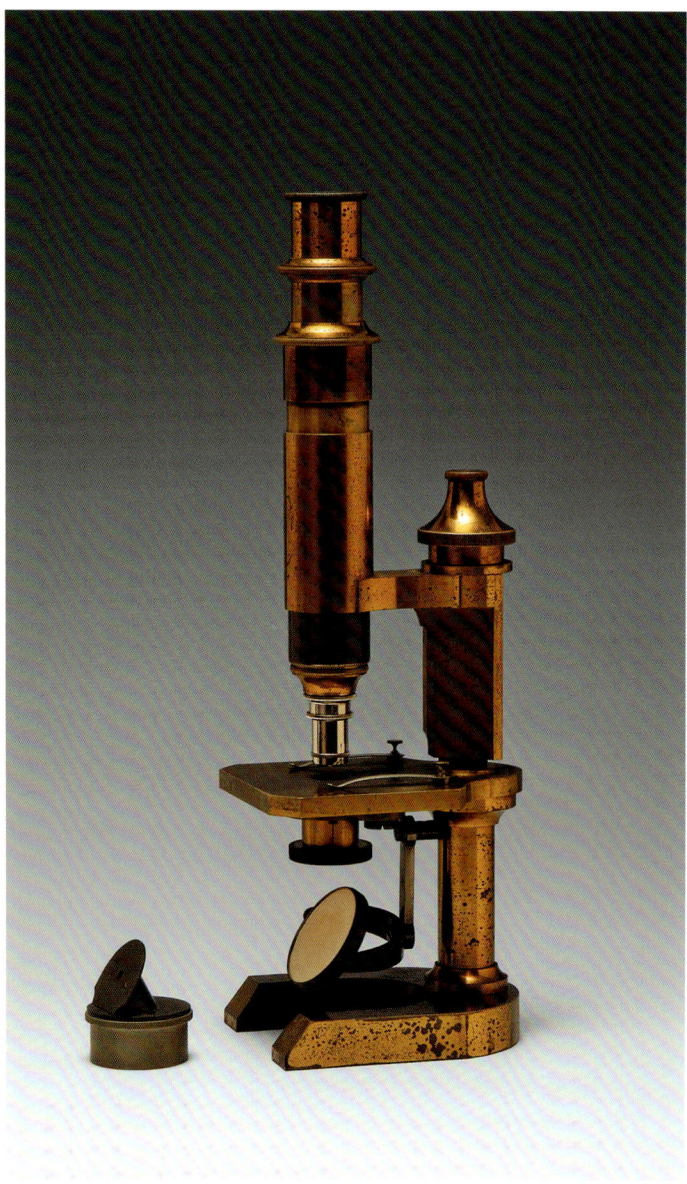

ツァイス　U字型単眼顕微鏡　ドイツ製　1887年
Compound microscope, Zeiss, German
傘型微動装置は各社で使われた。手前にあるのは交換式の絞り

ウインケル　U字型単眼顕微鏡　ドイツ製　1889年
Compound microscope, Winkel, German
傾斜鏡筒付き（接眼レンズに被せる）

丸台型小型単眼顕微鏡　無銘　イギリス製と思われる　1880〜1900年
Compound microscope, unsigned, English

ライツ　U字型単眼顕微鏡　Ⅳ　ドイツ製　1896年
Compound microscope, Leitz "Stand Ⅳ", German
1929年当時の価格は対物レンズ3（10×）、7（62×）付きで104円80銭であった。

U字型単眼顕微鏡　無銘　アメリカ製と思われる　1890〜1919年代　Compound microscope, unsigned, American

U字型単眼顕微鏡　無銘　フランス製と思われる　1910年代　Compound microscope, unsigned, French　顕微鏡を持つ取っ手があり、これを Jug-handle style と言う。

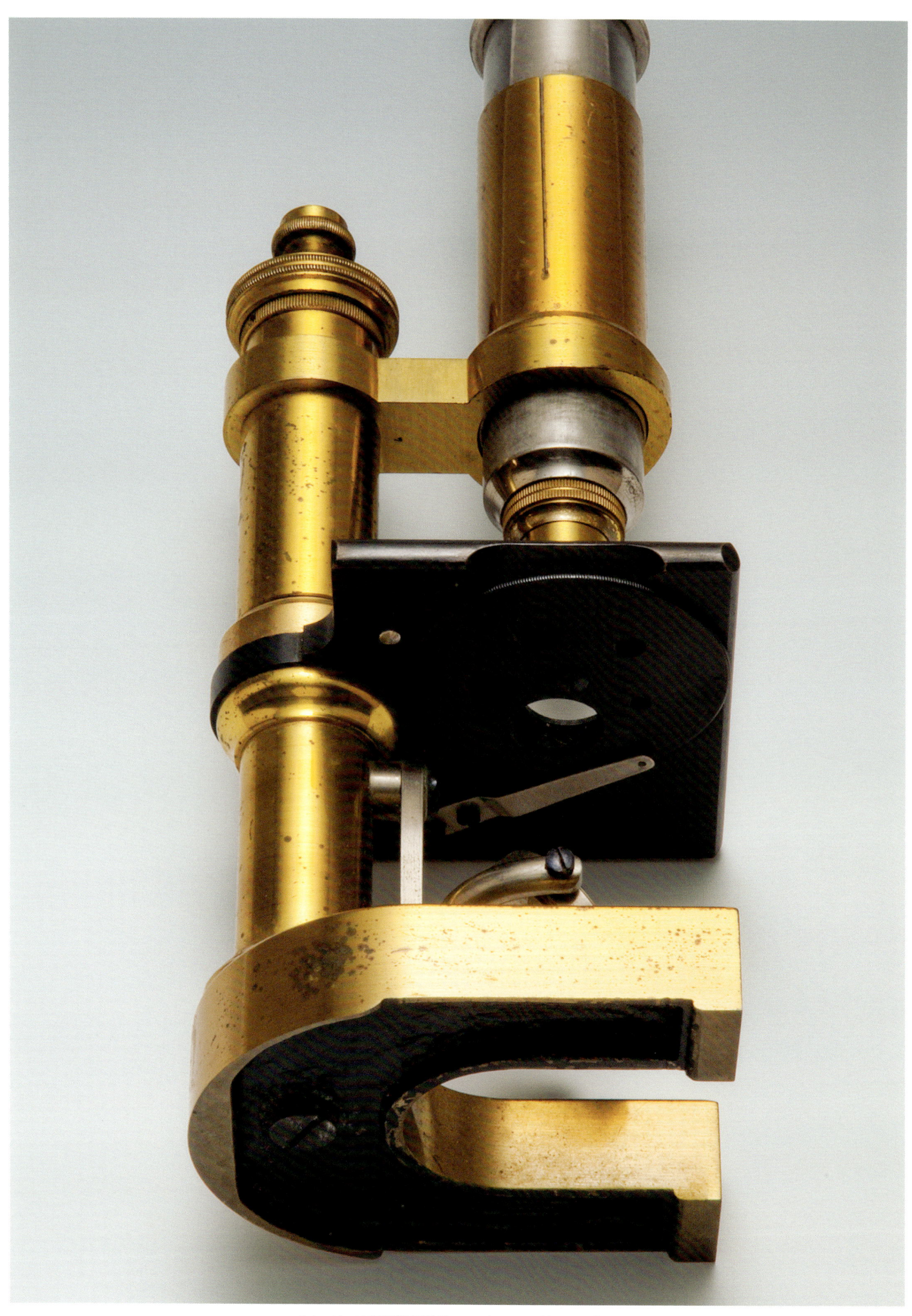

ライヘルト　U字型単眼顕微鏡　Ⅳ　オーストリア製　1898年　Compound microscope, Reichert "Stand Ⅳ", Austrian
ステージ裏に５穴の円板絞りが見られる。また、福島県猪苗代町の野口英世記念館が同型を所蔵している。

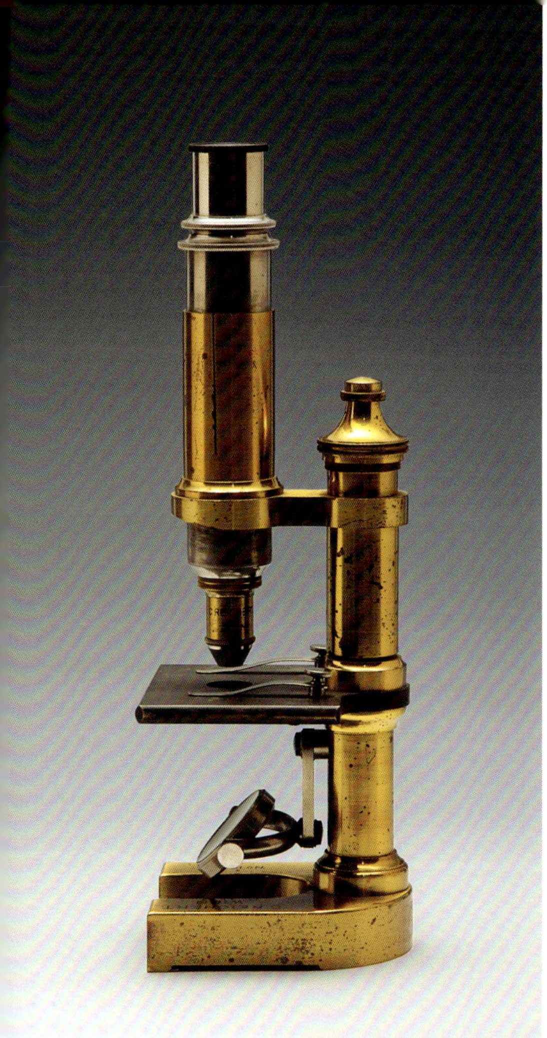

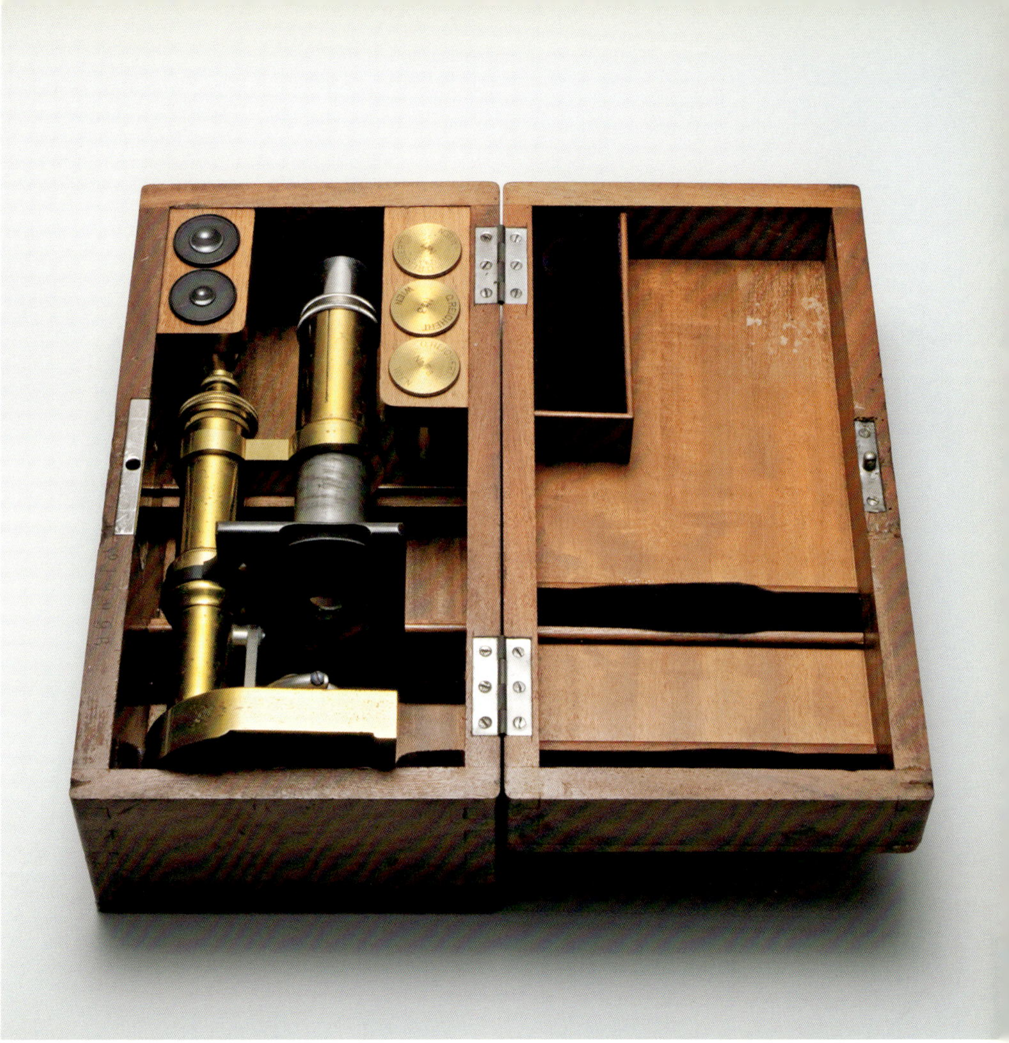

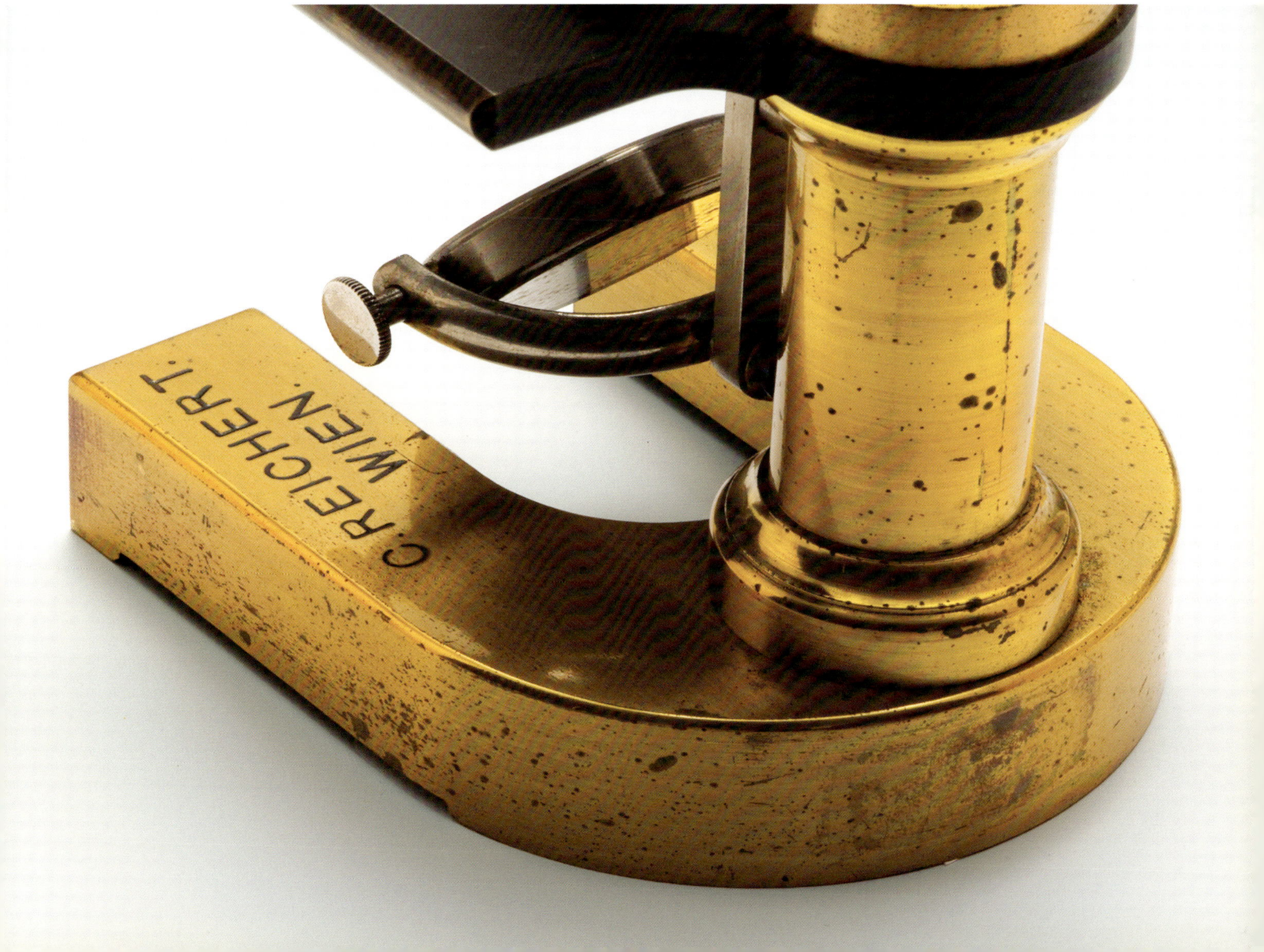
C.REICHERT.
WIEN.

ライツ　U字型単眼顕微鏡　V　ドイツ製　1907年　Compound microscope, Leitz Stand "V", German
1929年当時の価格は対物レンズ3（10×）、7（62×）付きで96円80銭であった。なお、石川県加賀市 中谷宇吉郎 雪の科学館が同型を所蔵している。

バルドウ　U字型単眼顕微鏡　フランス製　1890～1910年　Compound microscope, A. Bardou, French

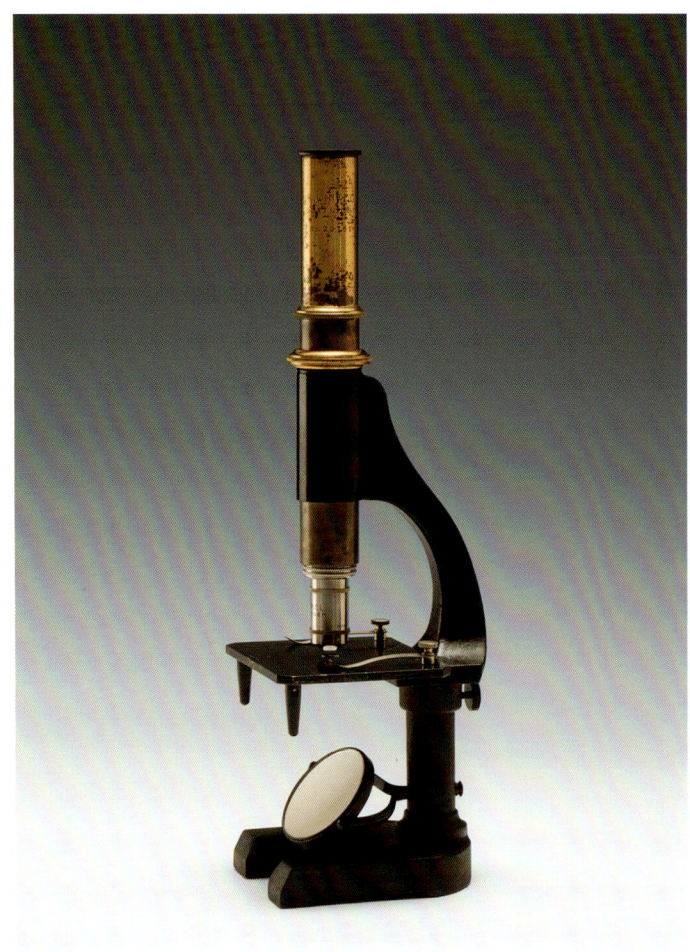

ウインケル　U字型単眼顕微鏡（供覧可能）ドイツ製　1910～1930年　　　　　　　ツァイス　実習用単眼顕微鏡　ドイツ製　1922年
Compound microscope, Winkel, German　上下を取り外すと供覧顕微鏡として使用出来る。　Compound microscope, Zeiss, German　微動装置は対物レンズの付け根にある。

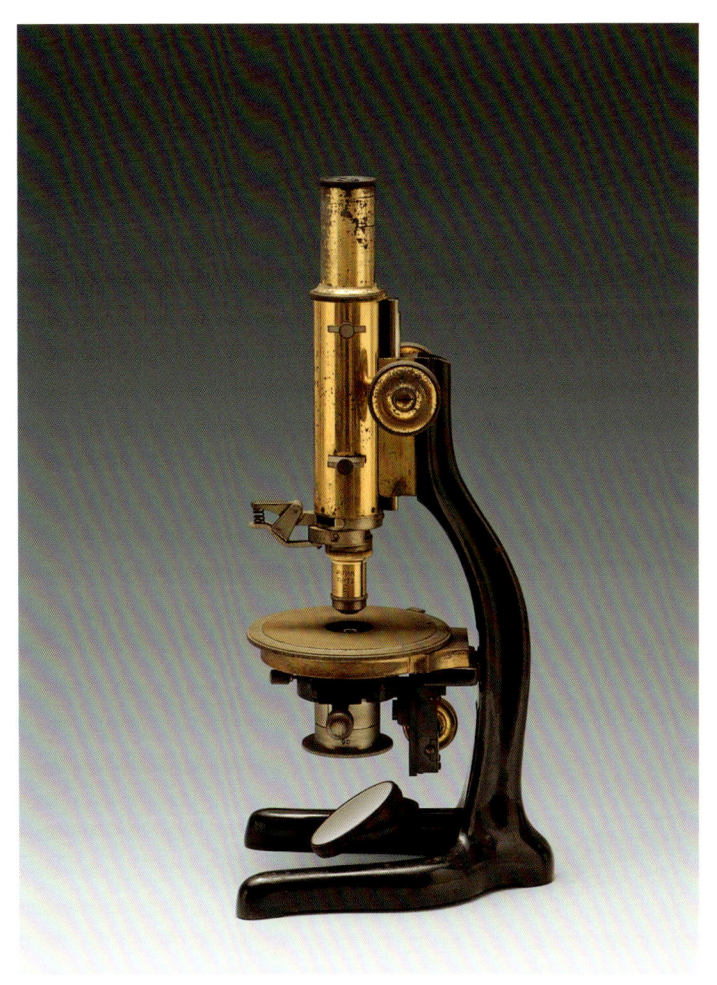

ライツ　U字型単眼偏光顕微鏡　ドイツ製　1918年
Compound microscope, Leitz Petrographical microscope, German

ライツ　U字型単眼顕微鏡　J　ドイツ製　1922年
Compound microscope, Leitz "J", German

ライツ　U字型単眼顕微鏡　Ⅲ　ドイツ製　1924年
Compound microscope, Leitz Stand "Ⅲ", German

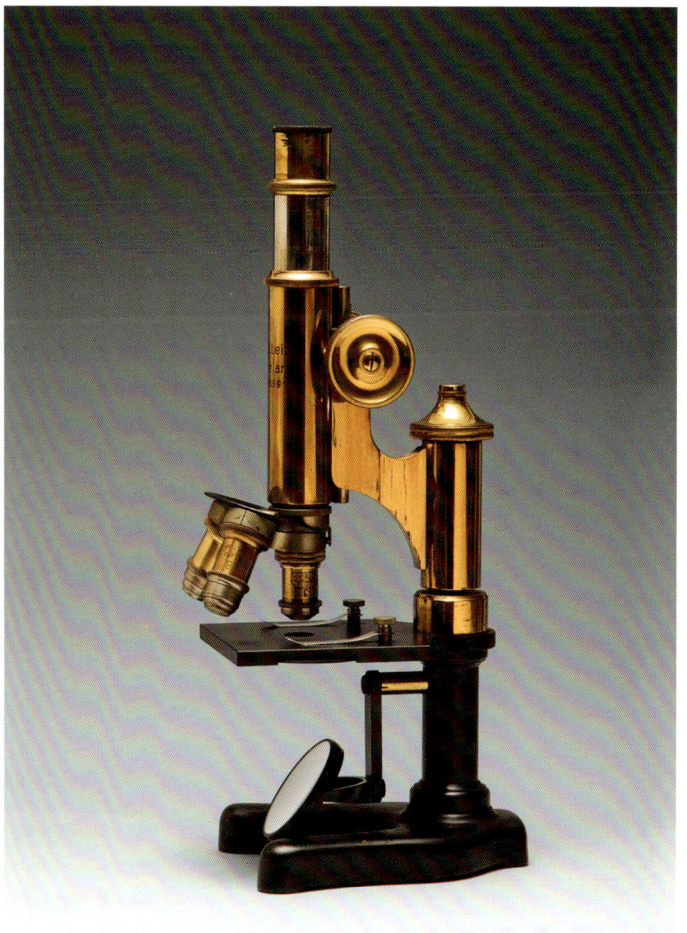

ライツ　U字型単眼顕微鏡　Ⅲ　ドイツ製　1925年
Compound microscope, Leitz Stand "Ⅲ", German

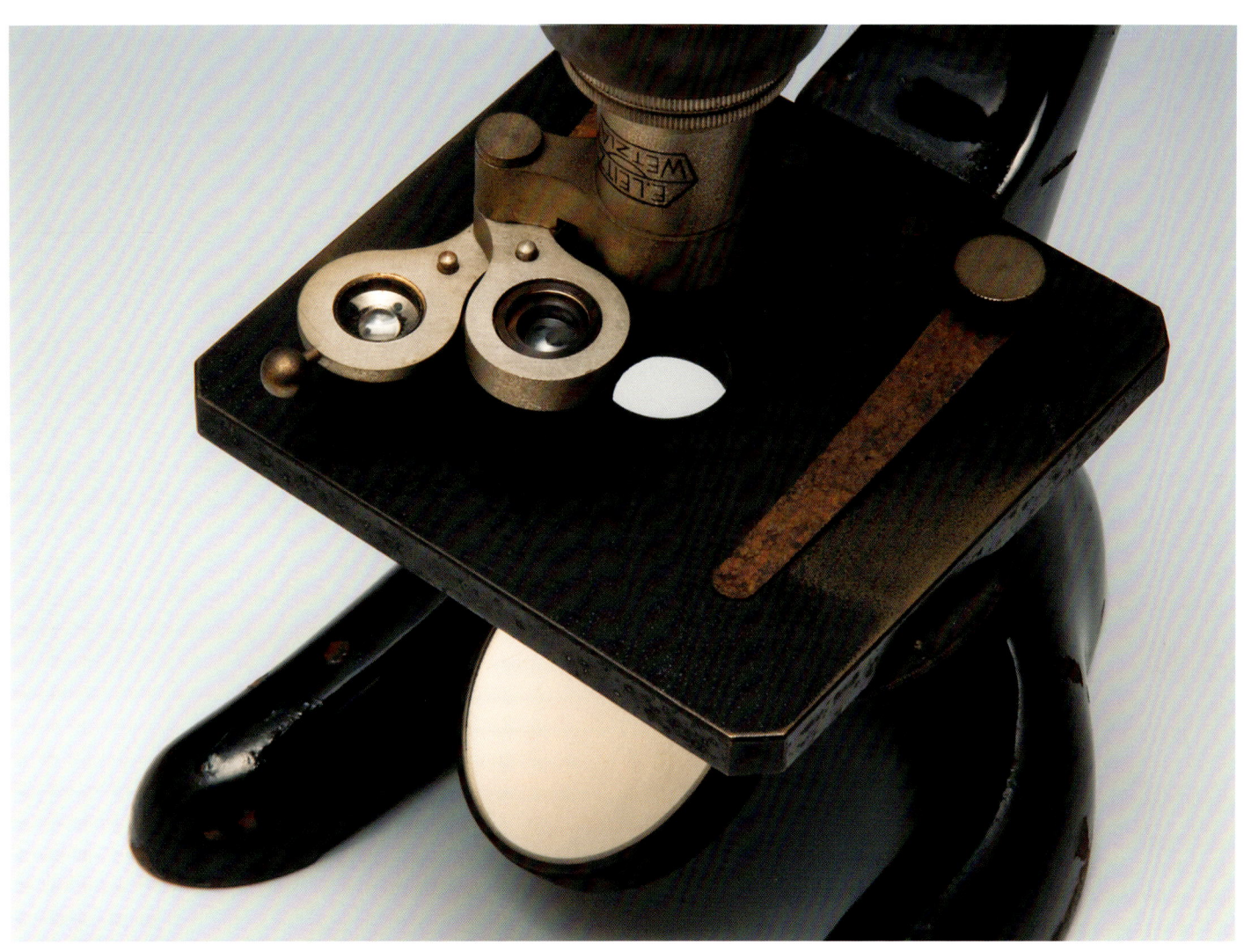

ライツ　U字型単眼顕微鏡　O　ドイツ製　1920年
Compound microscope, Leitz Stand "O", German
5穴円板絞り。対物レンズ下のレンズを加えることにより倍率を変更出来る。

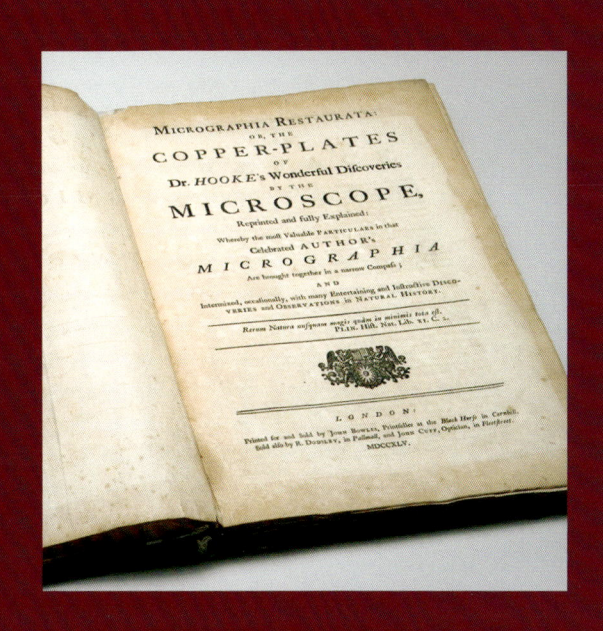

# MICROGRAPHIA

イギリスの科学者、ロバート・フックは1665年、『ミクログラフィア』を刊行した。王立協会（ロイヤル・ソサイエティ）の実験主任として、様々な実験を考案、実演していた彼は、持ち前の画力を活かし、自作の顕微鏡での観察記録を例会で発表する。それをまとめた『ミクログラフィア』は、コルクや針先、ハエの頭部、ノミやシラミの拡大スケッチなど、銅版画による精緻な図版が掲載された画期的な書物として、現代に至るまで高く評価されている。フックは、自作の顕微鏡で微生物等を発見したレーヴェンフックと共に「顕微鏡の父」と呼ばれる。なお、今回掲載されているのは1745年発行のもの。

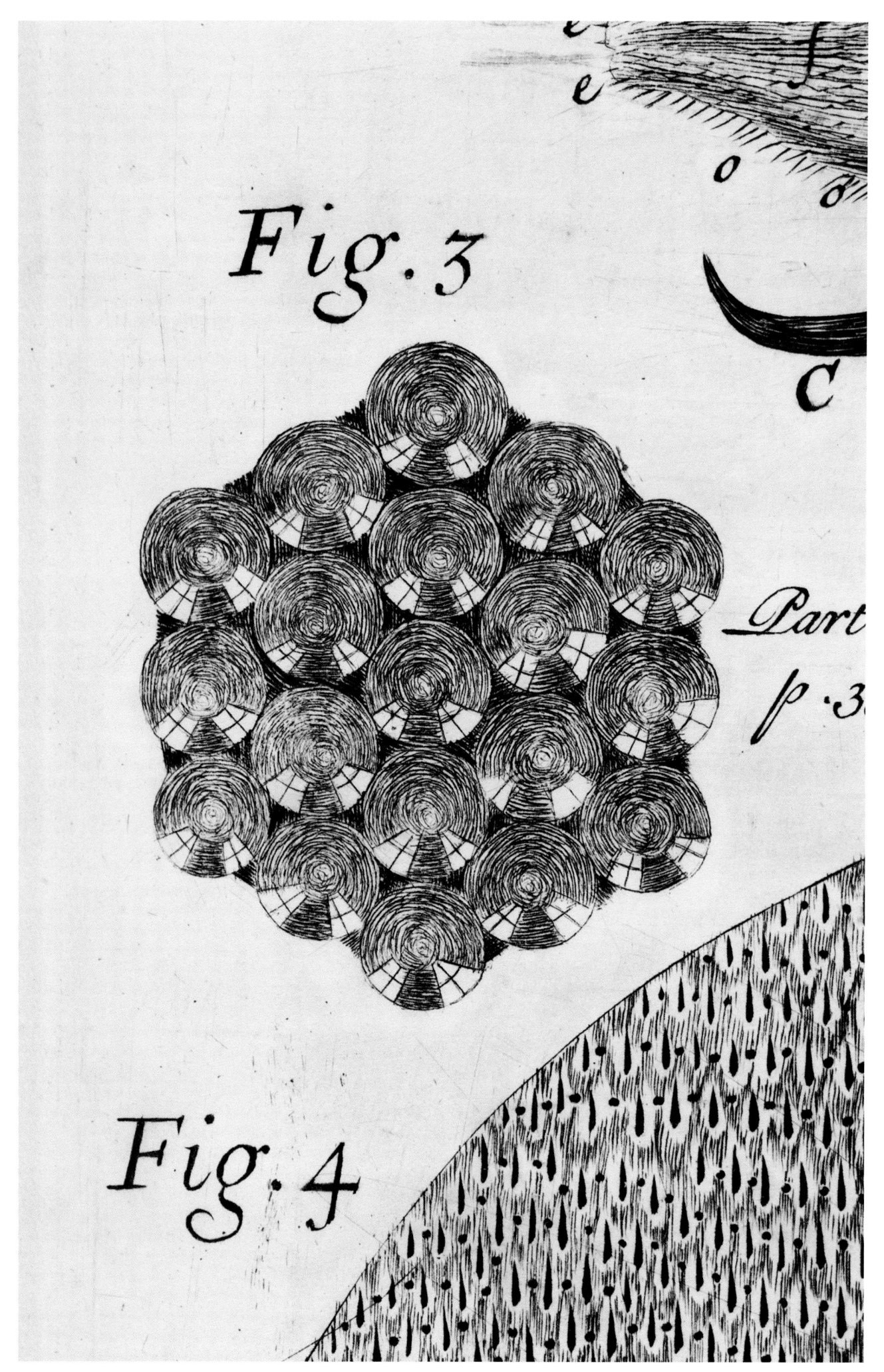

上：ハエの目の一部　その一つひとつにフックの部屋の窓が映っている　下：ハエの羽

Plants on Mouldy Bodies p.19

Plate IX.

1/32 Part of an Inch Magnified.

A Curious Plant on the Leaves of Rose Trees. p.19

上：青カビ　下：ダマスコバラ等の葉についている黄色い斑点

アリ

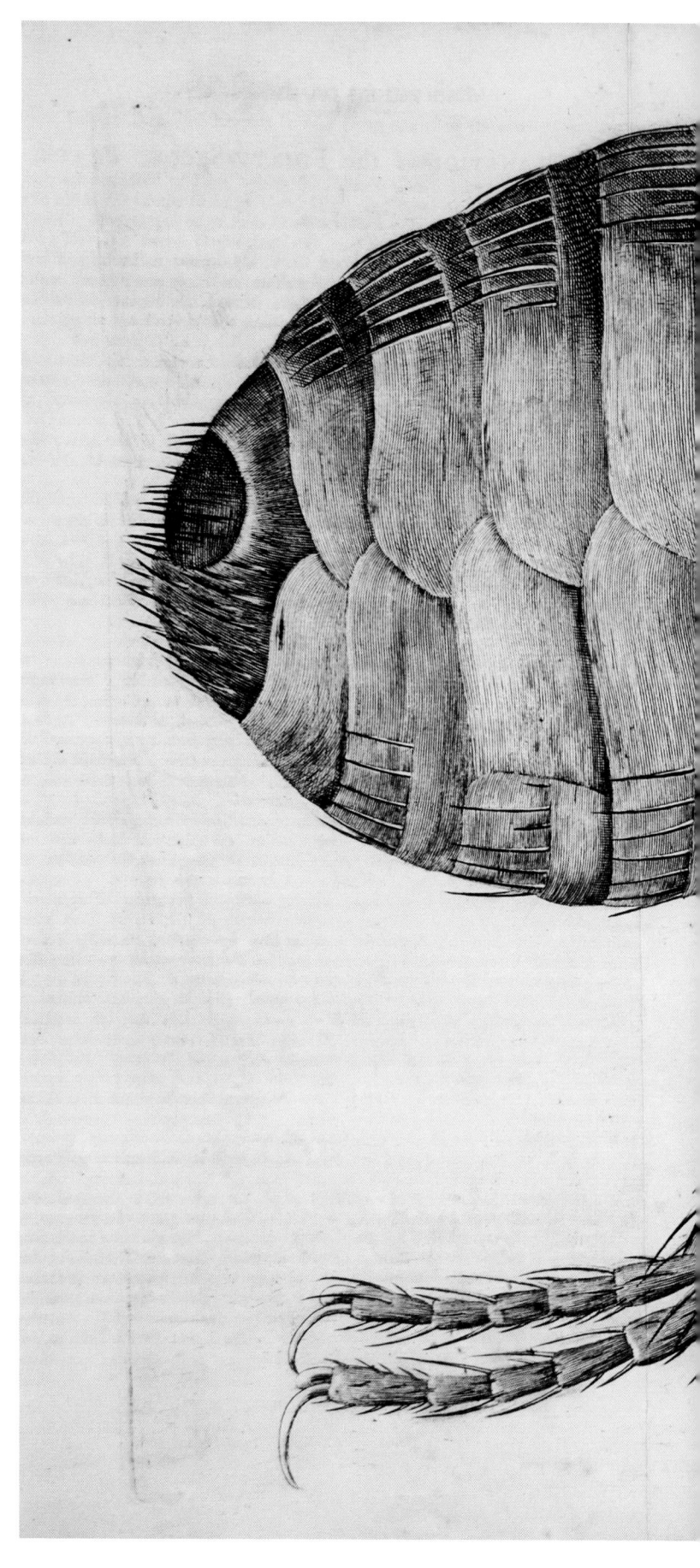

ブラシ状の触覚のある蚊

The FLEA.

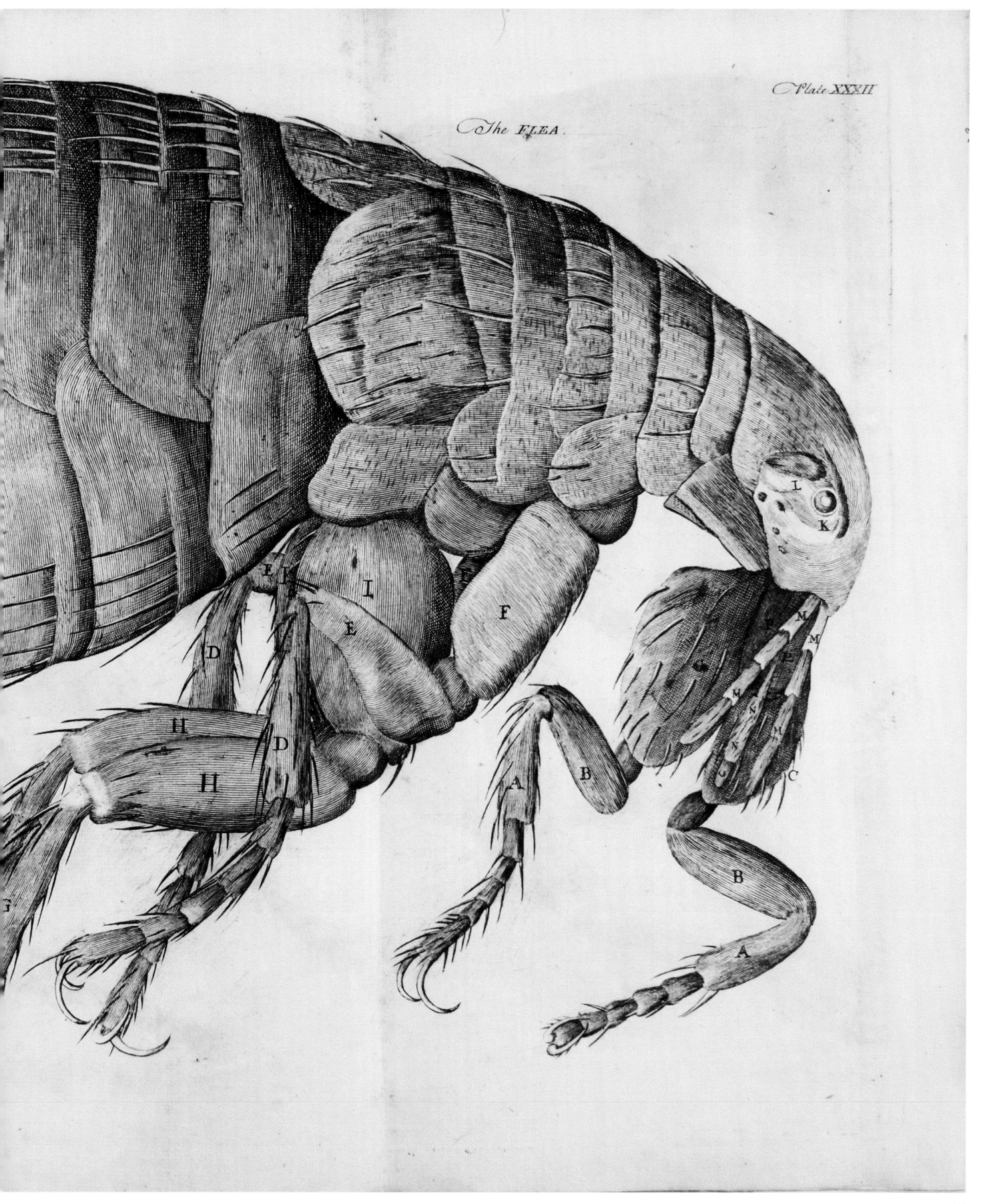

Plate XXXII

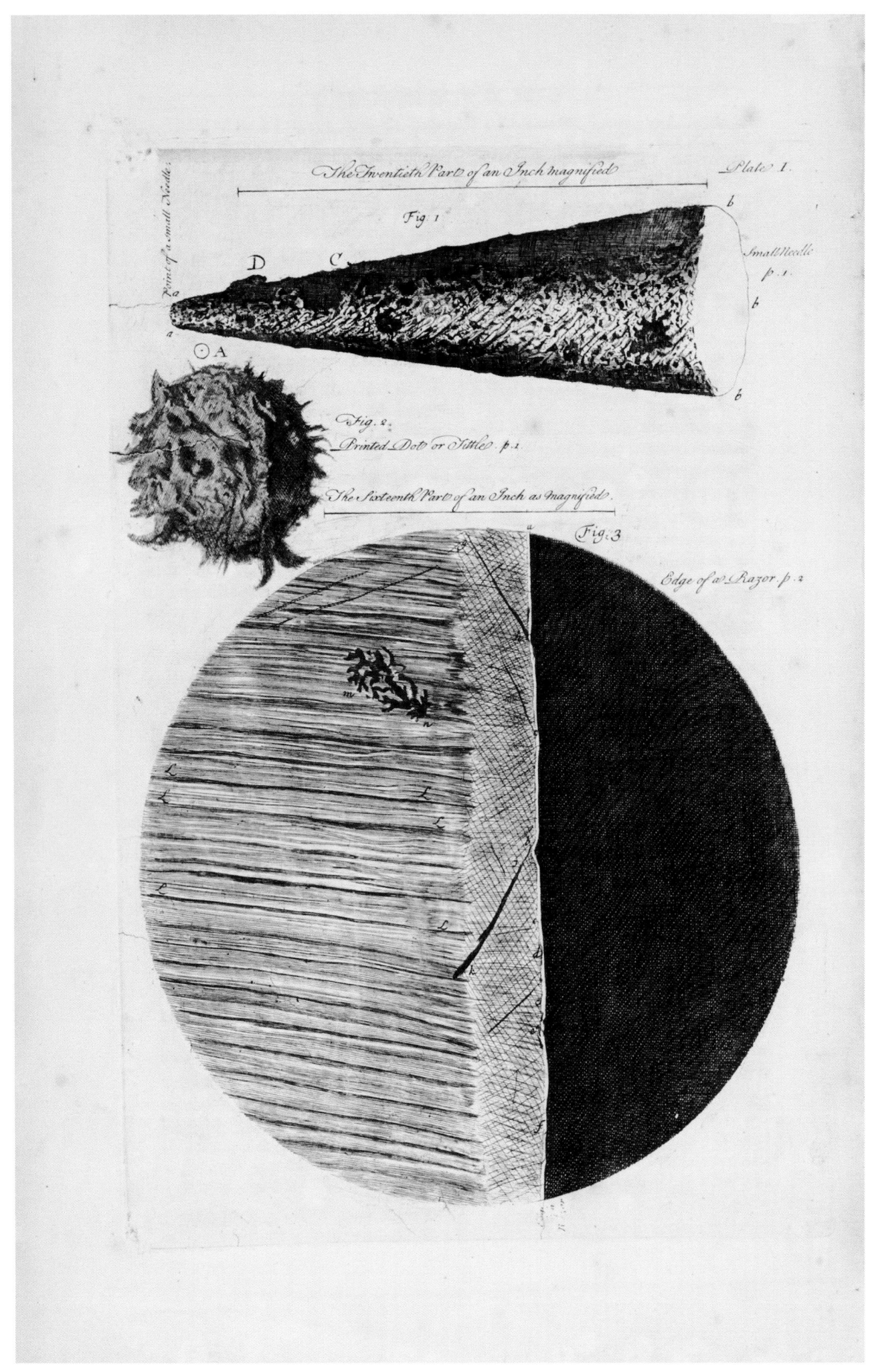

上：針の先端　中：印刷されたピリオド　下：カミソリの刃

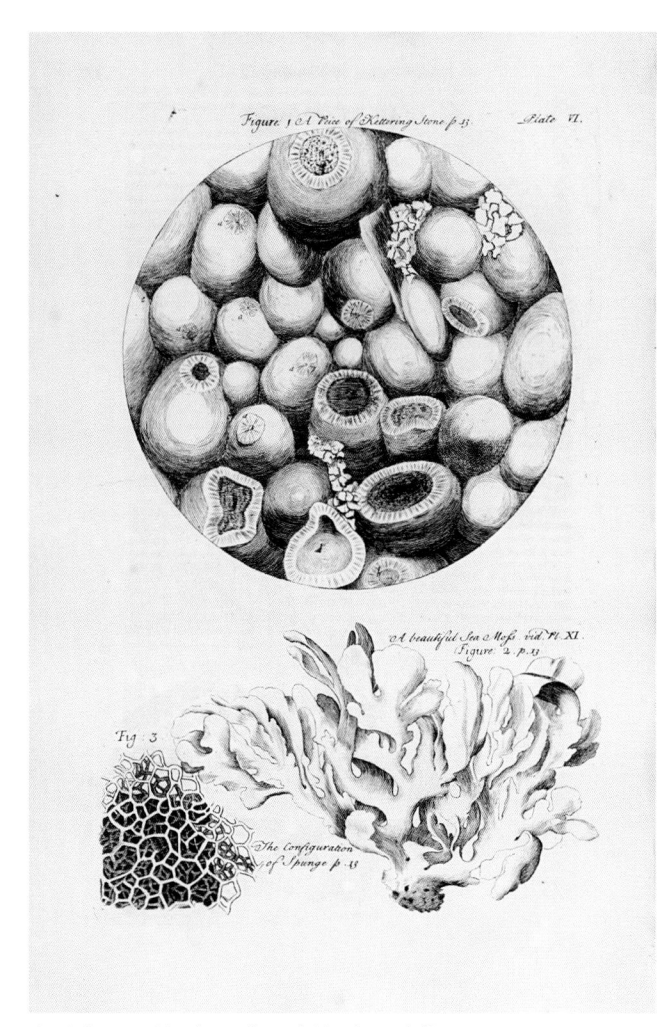

上：魚卵石の一種の表面　左下：海綿　右下：海藻

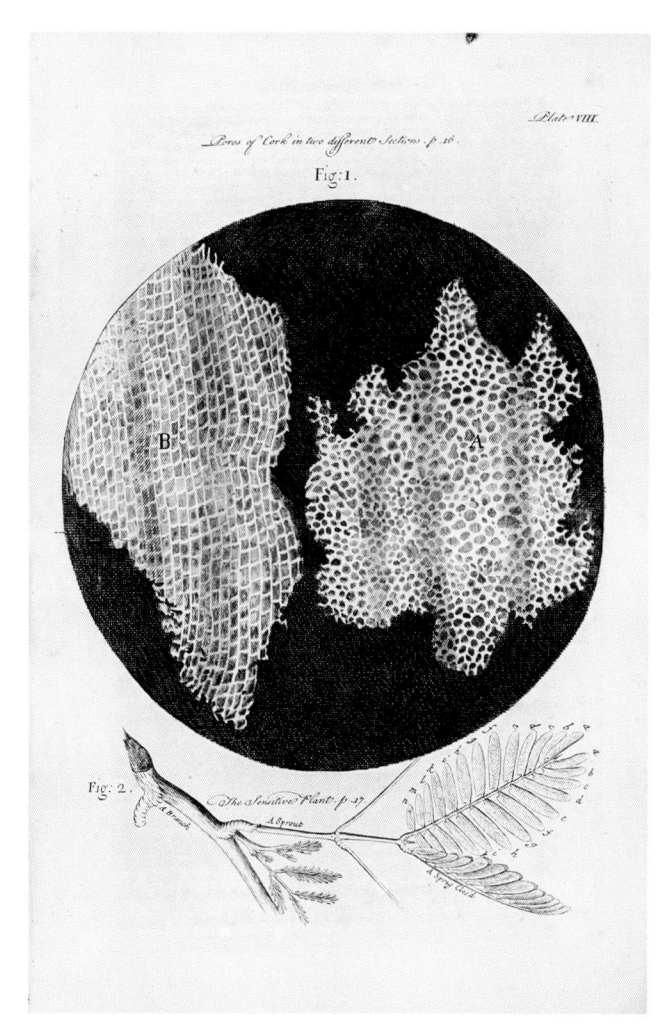

上：コルクの縦と横の断面　小部屋が見える　下：オジギソウ

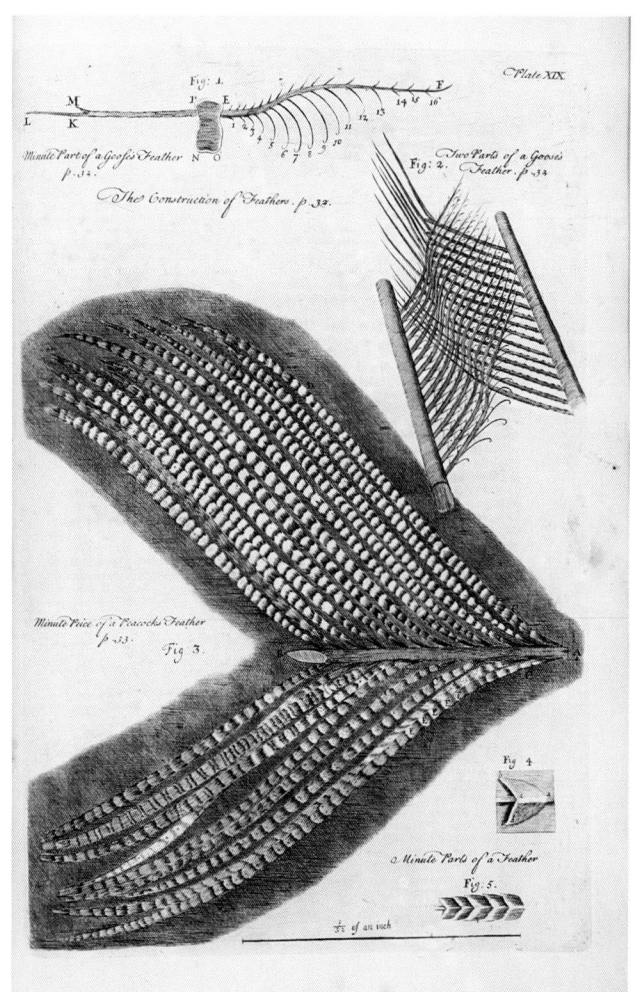

キダチヒャクリョウの種子

上：ガチョウの羽毛　下：クジャクの羽毛

鏡をはじめとして、写真レンズ、望遠鏡、双眼鏡、測距儀、測定機器、眼鏡、医療機器などの各種精密光学機器の歴史的なブレイクスルーが始まった。

　こうして新しい光学ガラスや蛍石を手に入れたアッベは、1886年にまったく新しいタイプの顕微鏡対物レンズを発表した。そのレンズの名前はアポクロマート。これは、現代の顕微鏡でも収差が高度に補正された最も高性能な対物レンズの代名詞として一般的に使用されている。最高級の対物レンズアポクロマートが発明され、理論的に最高の裏付けがなされた顕微鏡が完成したが、まだ足りないものがあった。それは均一で照明むらがなく、迷光の影響も受けずに、且つ開口数を調整できる効率の良い顕微鏡光源の照明方法の確立であった。この問題を解決したのは1866年3月4日ダルムシュタットで生まれたアウグスト・ケーラーである。1893年に論文発表したケーラー照明法によって効率良くアッベの対物レンズの解像力が100％引き出せるようになった。

　当時の顕微鏡ユーザーとして有名な人物として、1882年にアッベの理論に基づき製造されたアクロマートコンデンサー（アッベコンデンサー）や新しい照明装置や写真撮影装置を備えたツァイス顕微鏡を使って結核菌の撮影に成功し、1905年にノーベル賞を受賞したコッホがいる。

　100年以上も前に未知のミクロの世界の探求や、未知の病気の解明等に役立って現代社会でも重要な役割を果たしている顕微鏡がどのようにして変化していったか、またアッベが構築した光学理論を追及するために、時代ともに、顕微鏡の鏡基、鏡筒、ステージ、焦点焦準装置、集光装置、その他附属品類の形状も変化してきた。この写真集で、先人達が英知を結集して精魂込めて作り上げた、良き時代のそれぞれの顕微鏡の形や、各部の細かな形状、および附属品類の変化や機能美を見て楽しんで戴きたい。

カールツァイスマイクロスコピー株式会社<br>
トレーニング・アプリケーション・サポートセンター<br>
ディパートメントマネージャー

## 顕微鏡 Ⅱ

19世紀中頃から20世紀にかけて顕微鏡は数々の技術的革新を遂げた。エルンスト・アッベがカール・ツァイスとショットと協同で設立したガラス研究所で光学理論を構築し、完璧な色収差補正を実現するアポクロマートレンズを作り、レンズの精度を飛躍的に上げたことに始まり、粗動や微動調節装置、標本を明るく照らすための集光（コンデンサ）レンズ、さらに対物レンズ交換の手間を省くためのレボルバなどが相次いで開発された。単眼から双眼への移行もあり、20世紀に入るとそれらの改良をもとに今日と変わらない光学顕微鏡が作られるようになり、量産化も進んだ。

ツァイス　Ｖ字型双眼顕微鏡　DSB　ドイツ製　1925～1930年　Compound microscope, Zeiss Binocular microscope "DSB", German

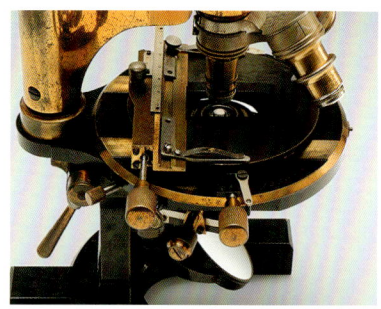

ツァイス　U字型単眼顕微鏡　Ⅰa　ドイツ製　1900年　Compound microscope, Zeiss Stand "Ⅰa", German
粗動、微動装置付き、回転ステージ、複式十字動装置付き。なお、東京都港区 学校法人北里研究所 北里柴三郎記念室が同型を所蔵している。

ツァイス　U字型単眼顕微鏡　Ⅵa　ドイツ製　1903年　Compound microscope, Zeiss Stand "Ⅵa", German　4穴レボルバは後から取付けたもの。

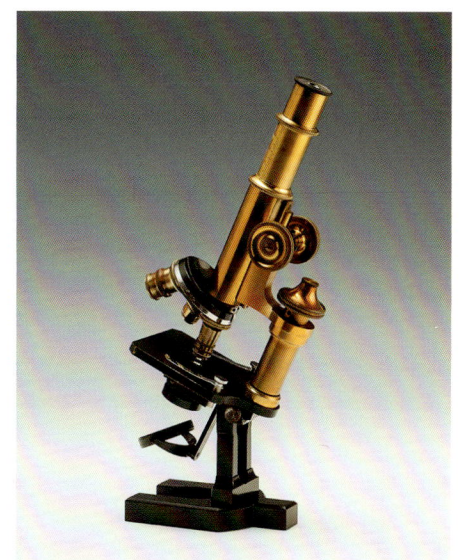

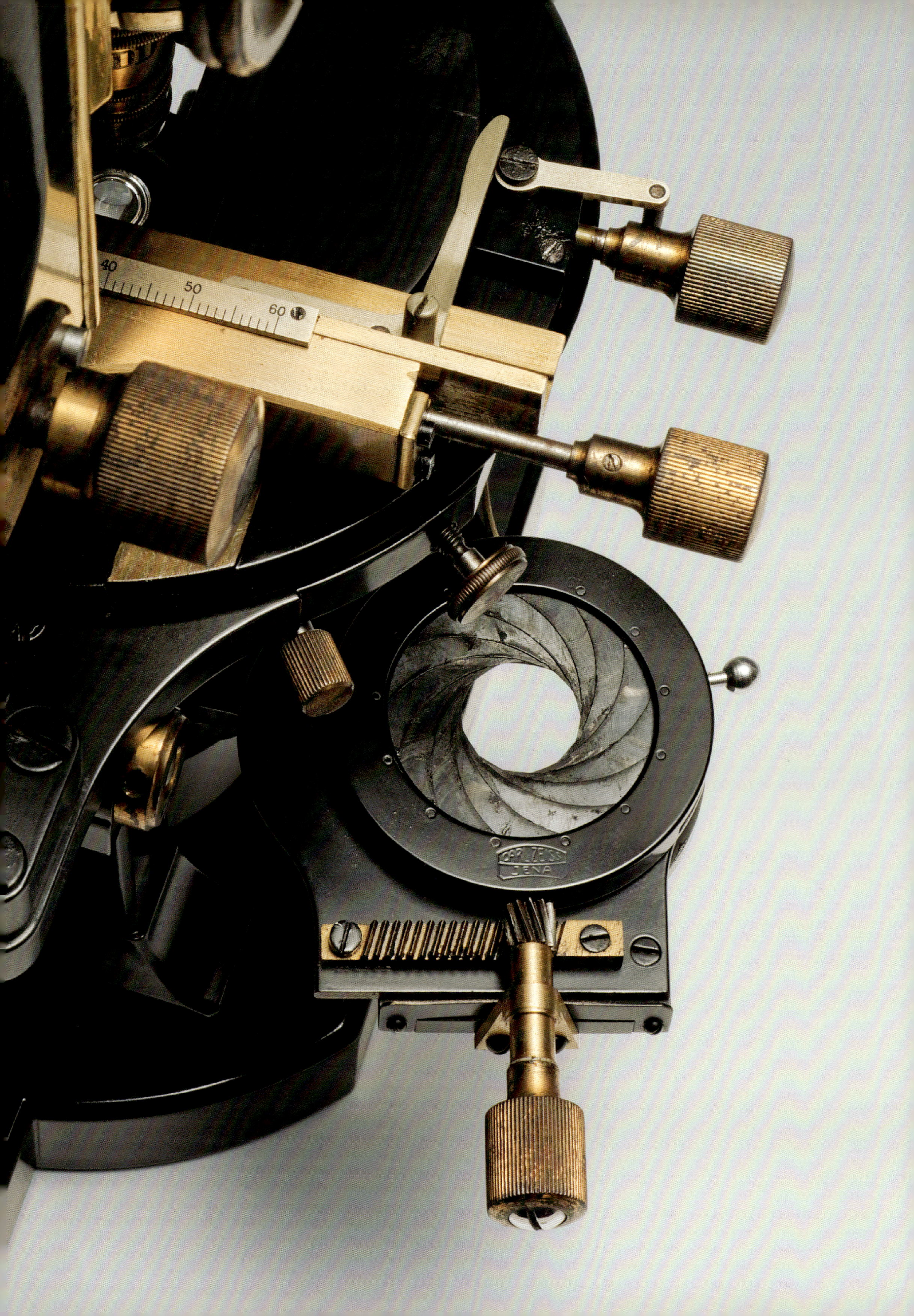
40
50
60
CARL ZEISS
JENA

ツァイス　U字型単眼顕微鏡　I　ドイツ製　1909年頃　Compound microscope, Zeiss Stand "I", German
回転ステージ、複式十字動装置付き。コンデンサ絞りはウオームギアで斜光照明が可能。

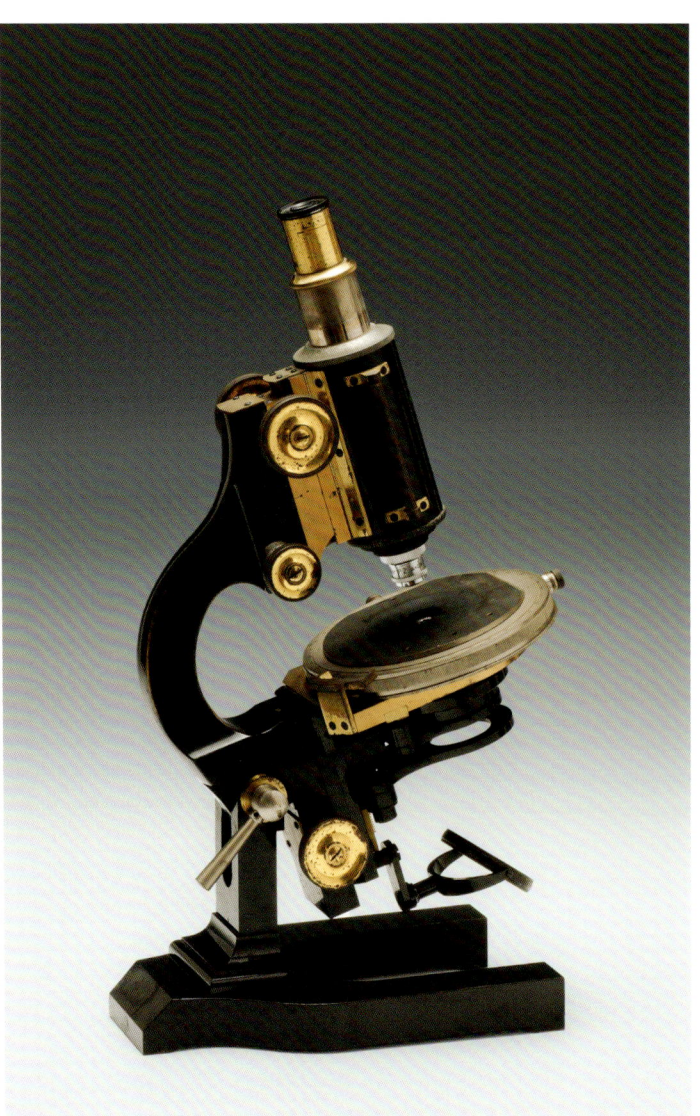

ライツ　ユニバーサル顕微鏡セット　UNMIC　ドイツ製　1919年　Compound microscope, Leitz Universal microscope "UNMIC", German
4種類のコンデンサ　単眼、双眼、偏光の鏡筒が取付けられる

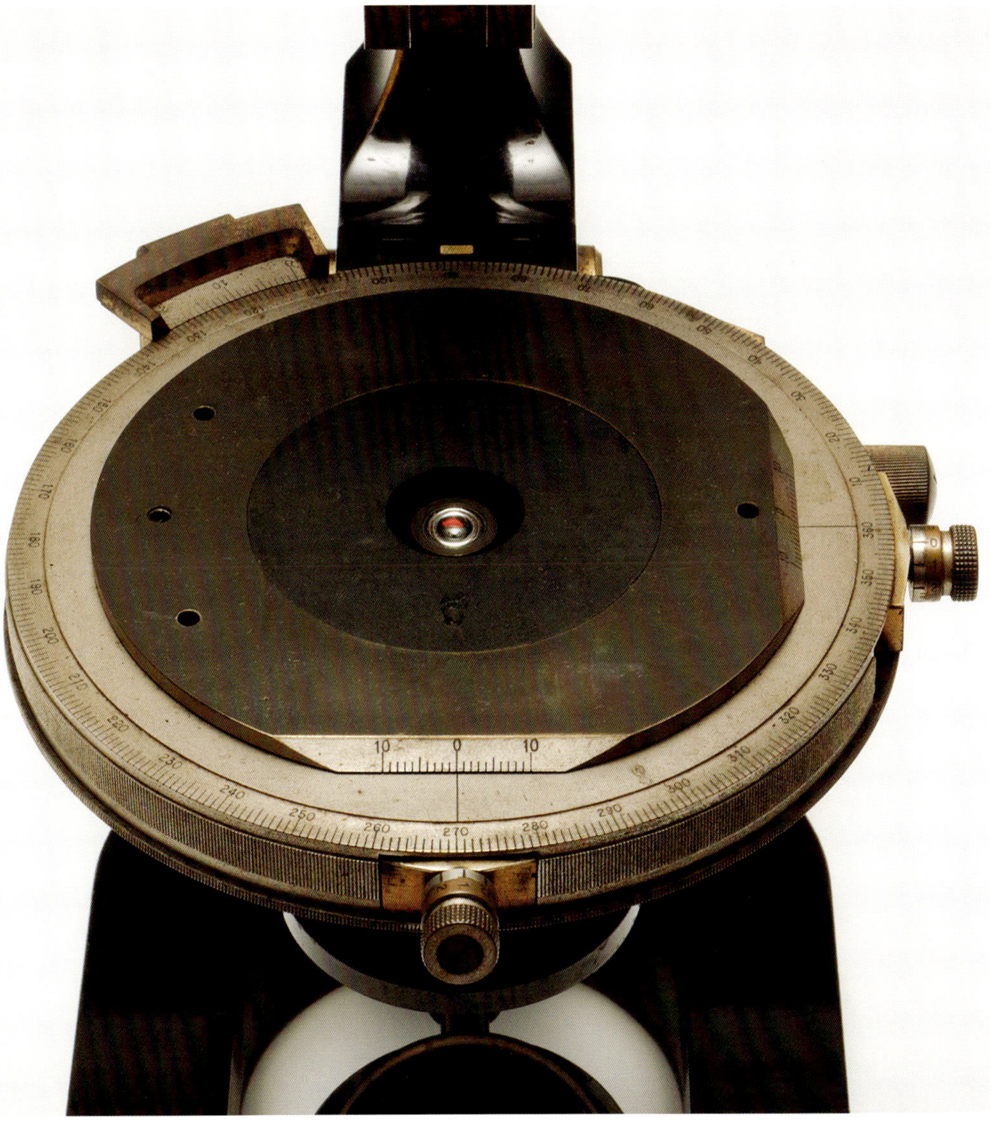

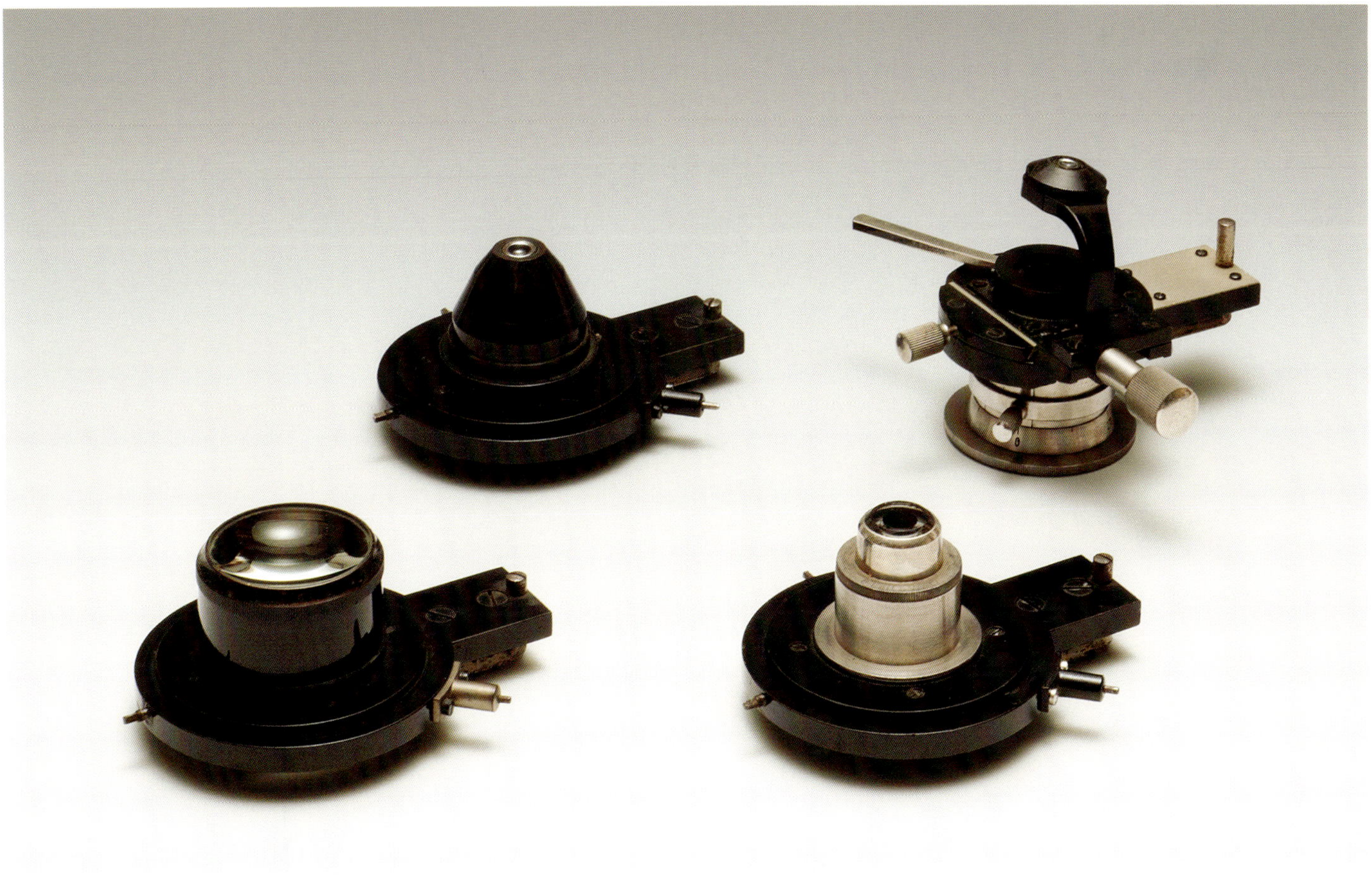

偏光用鏡筒を取り付けたところ

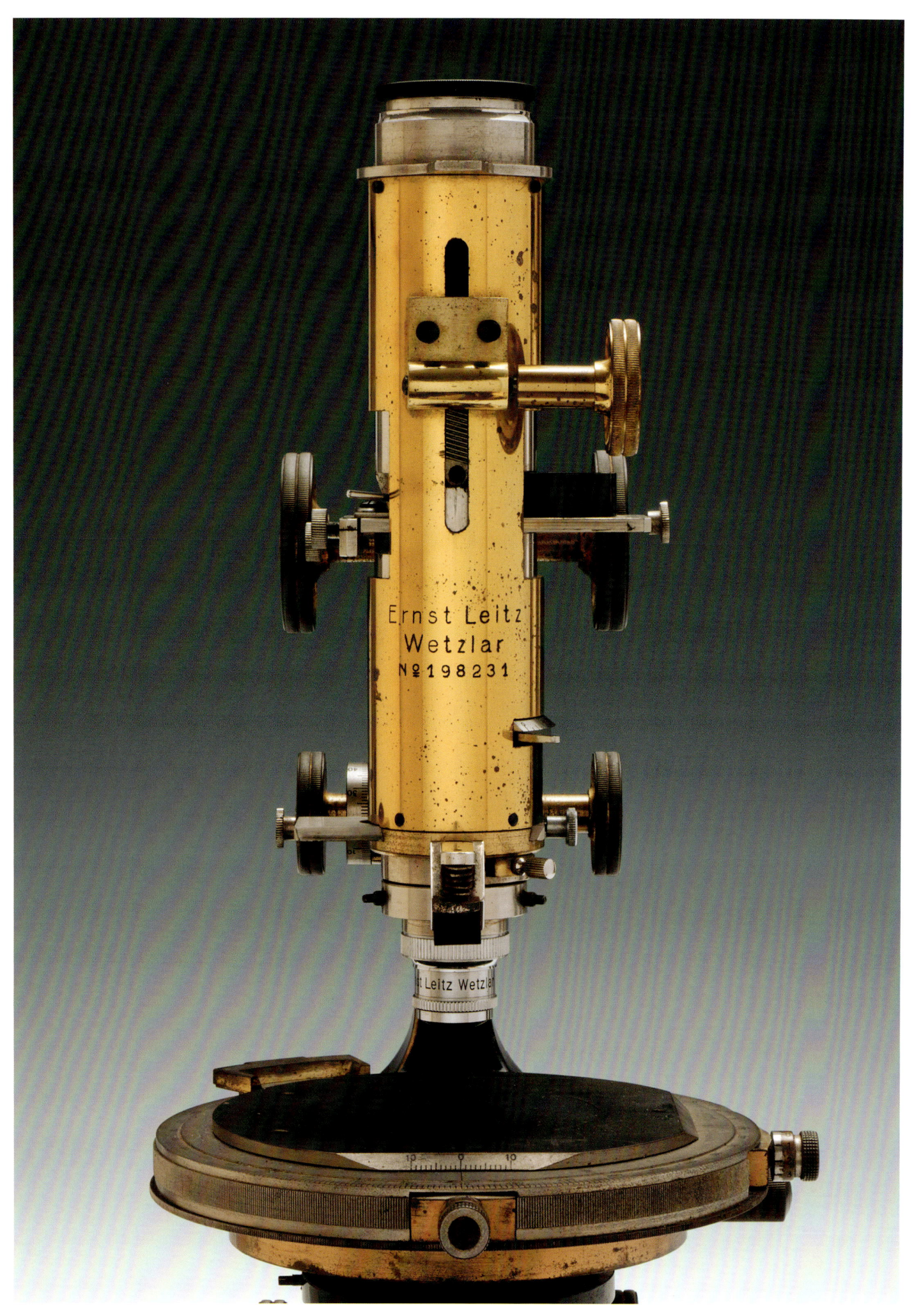

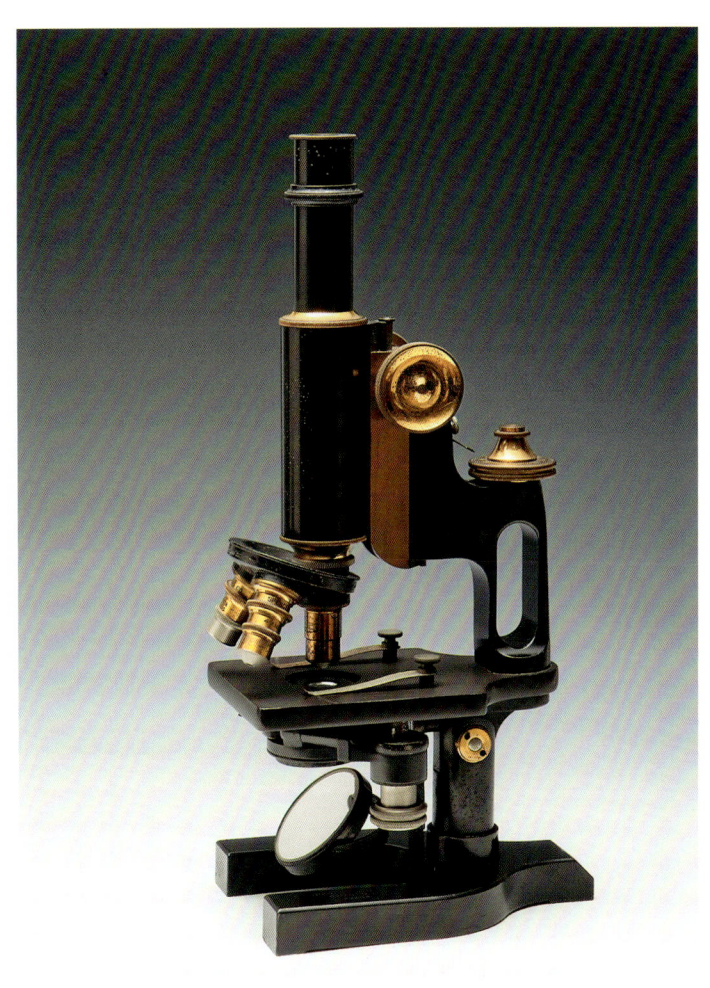

スペンサー　U字型単眼顕微鏡　アメリカ製　1900～1929年　Compound microscope, Spencer, American　顕微鏡を持つ取っ手が付いた Jug-handle style

ライツ　U字型単眼顕微鏡　Ⅱa　ドイツ製　1909年
Compound microscope, Leitz "Ⅱa", German

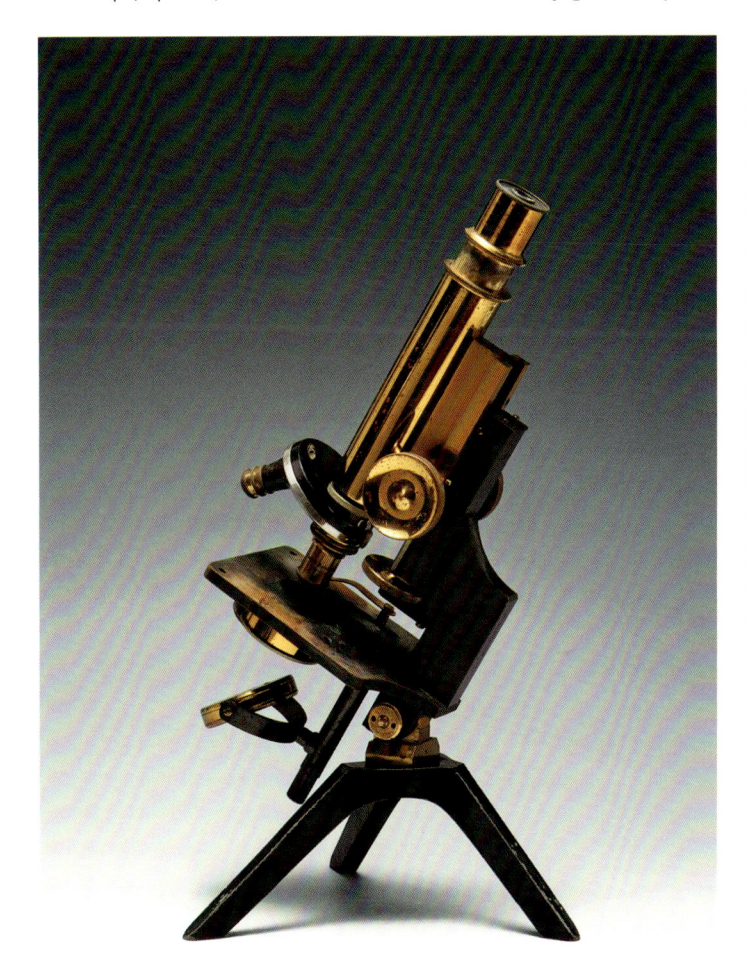

ベーカー　3本足単眼顕微鏡　イギリス製　1920～1930年代
Compound microscope, Charles Baker, English

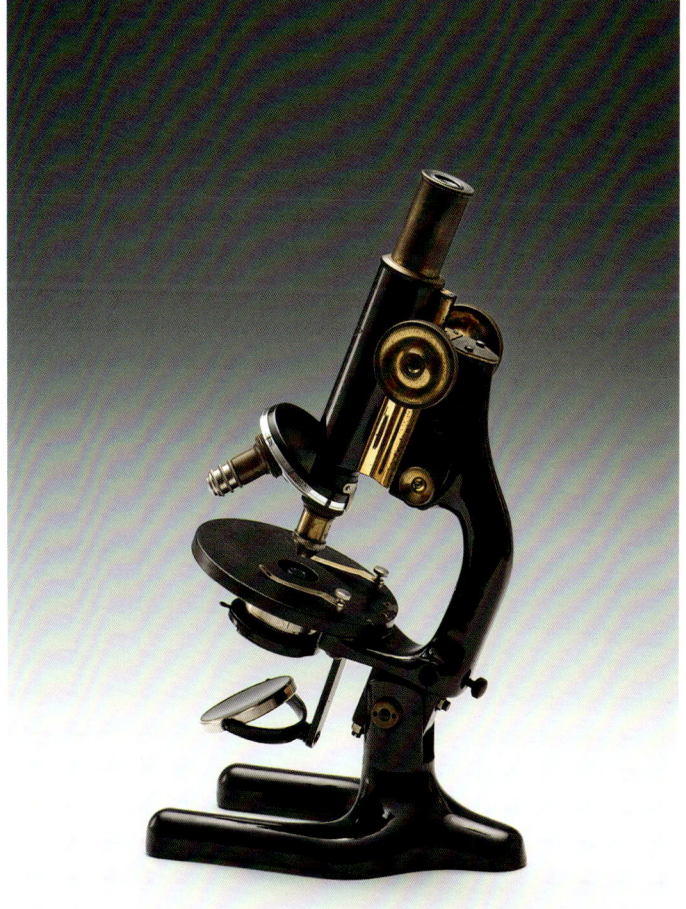

ライヘルト　U字型単眼顕微鏡　オーストリア製　1929年
Compound microscope, Reichert, Austrian

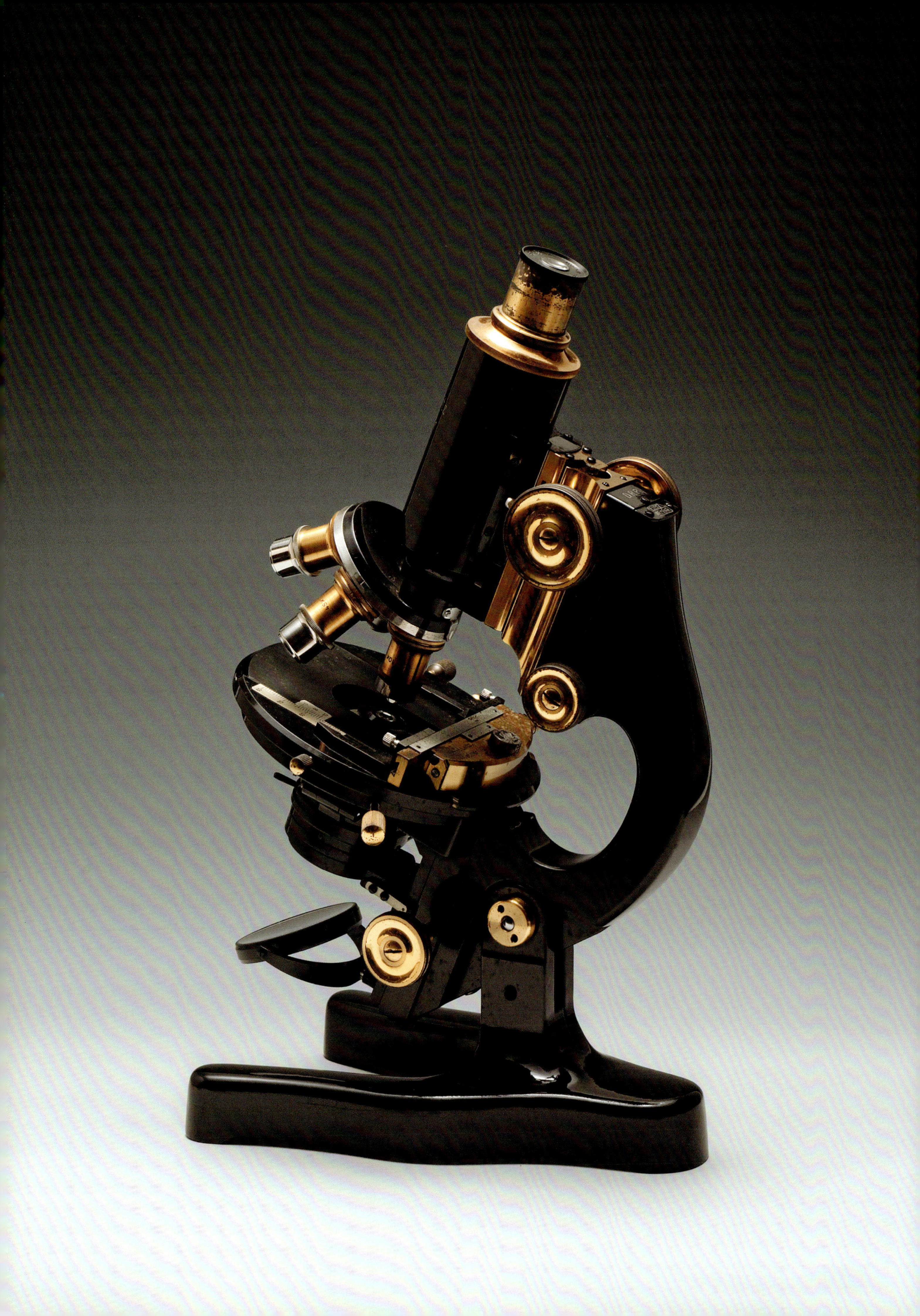

ライツ　U字型単眼・双眼顕微鏡　AMB-R　ドイツ製　1930年　Compound microscope, Leitz "AMB-R", German
単眼と双眼の交換が出来る。4穴レボルバ、回転ステージ、複式十字動装置付き。

ツァイス　Ｖ字型双眼顕微鏡　DSB　ドイツ製　1925～1930年代
Compound microscope, Zeiss Binocular microscope "DSB", German
回転ステージ、複式十字動装置付き。

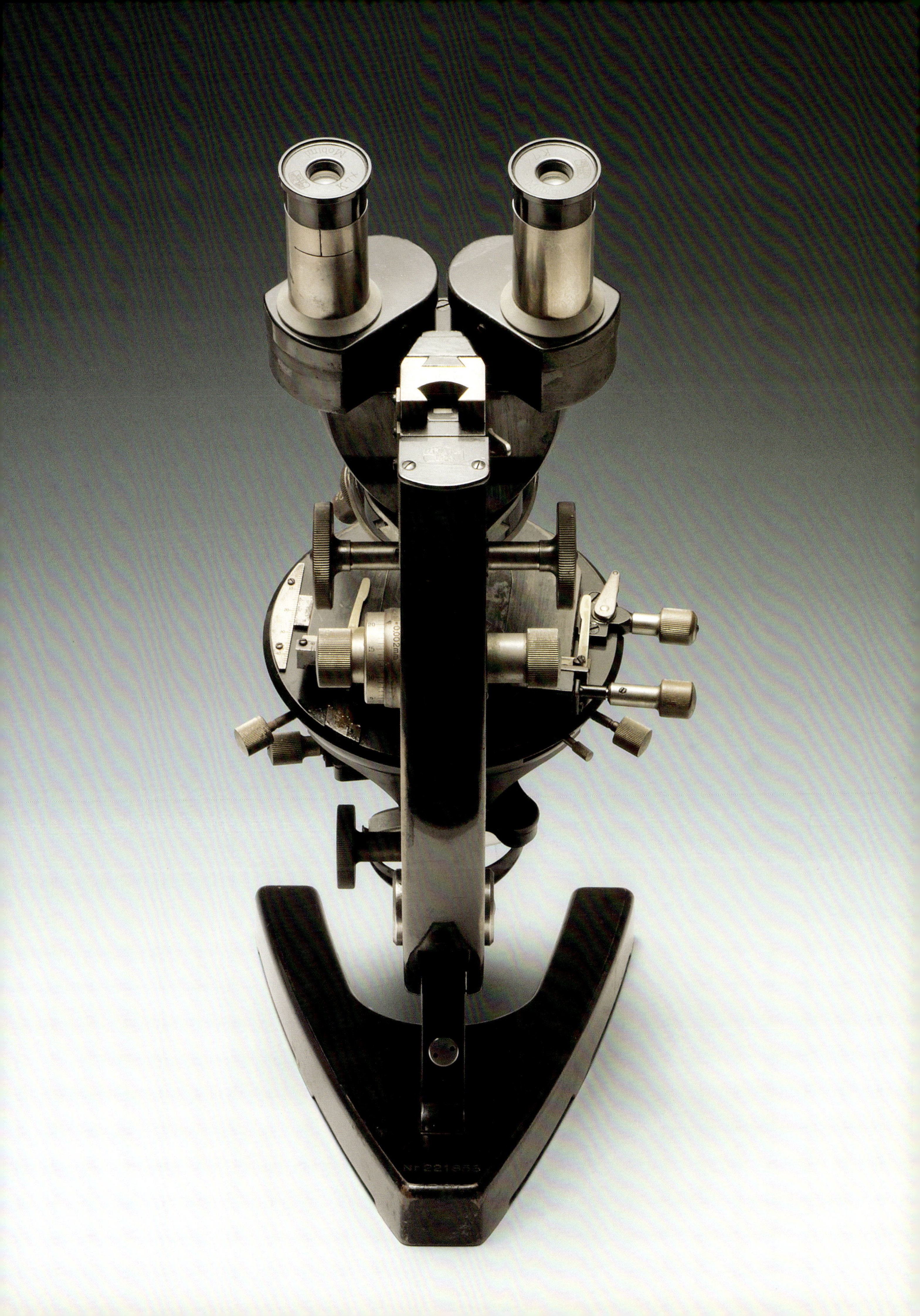

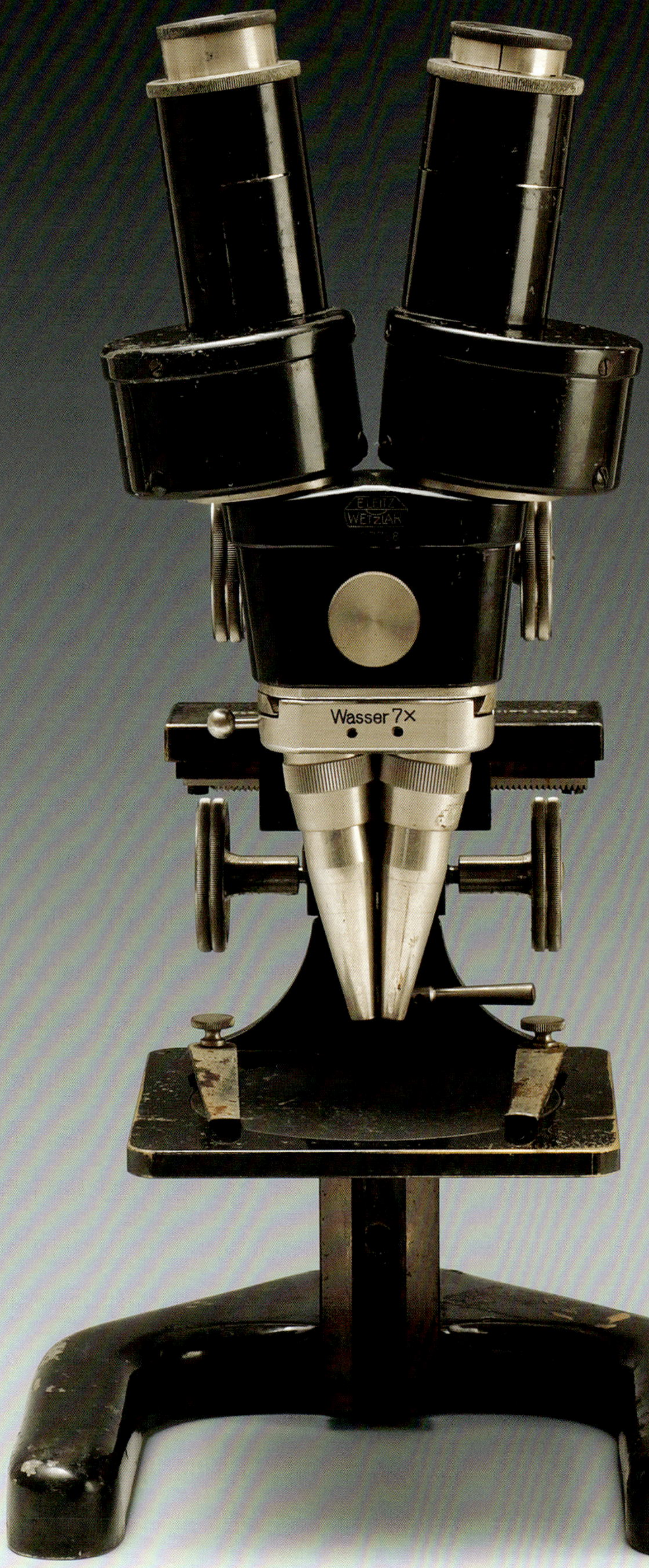
Wasser 7×

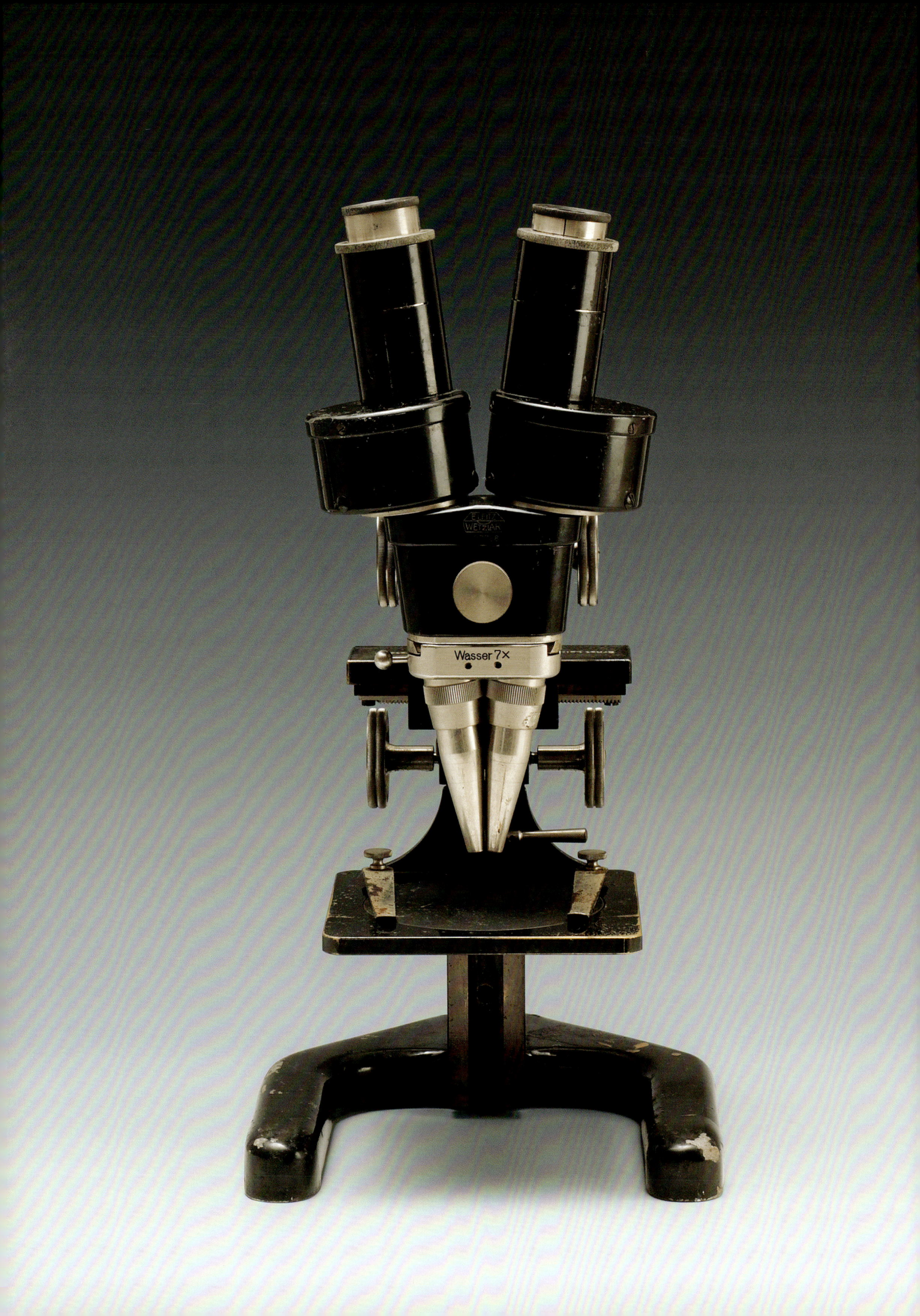

ライツ　U字型実体顕微鏡 BMC　ドイツ製　1930年　Stereo Microscope, Leitz Special stand "BMC", German
左右が独立した光学系グリノータイプのため観察像のステレオ感が優れている。

スウィフト　3本足単眼顕微鏡　イギリス製　1920〜1930年　Compound microscope, Swift & Son, English
3本足の顕微鏡はイギリス特有のデザイン。また3穴レボルバは後から取付けた可能性がある。

## 紅毛雑話

蘭学者、森島中良は江戸時代後期の1787（天明7）年に『紅毛雑話』を著した。この本は、オランダ人から聞いた話や、彼らの書に記してあった話をまとめたもので、オランダの歴史や風俗、エレキテルに至るまで「新知識」を幅広く紹介している。その中にヤン・スワンメルダムの蚊の拡大図などの顕微鏡観察図が数多く掲載されている。スワンメルダムは、昆虫等を顕微鏡で観察しカエルの赤血球を発見するなどの業績を残した17世紀の研究者で、『昆虫学総論』などを著した。日本ではその後1832年に、雪の結晶の観察図を載せた『雪華図説』が出版され、話題を呼んだ。

ミコロスコービユンノ圖

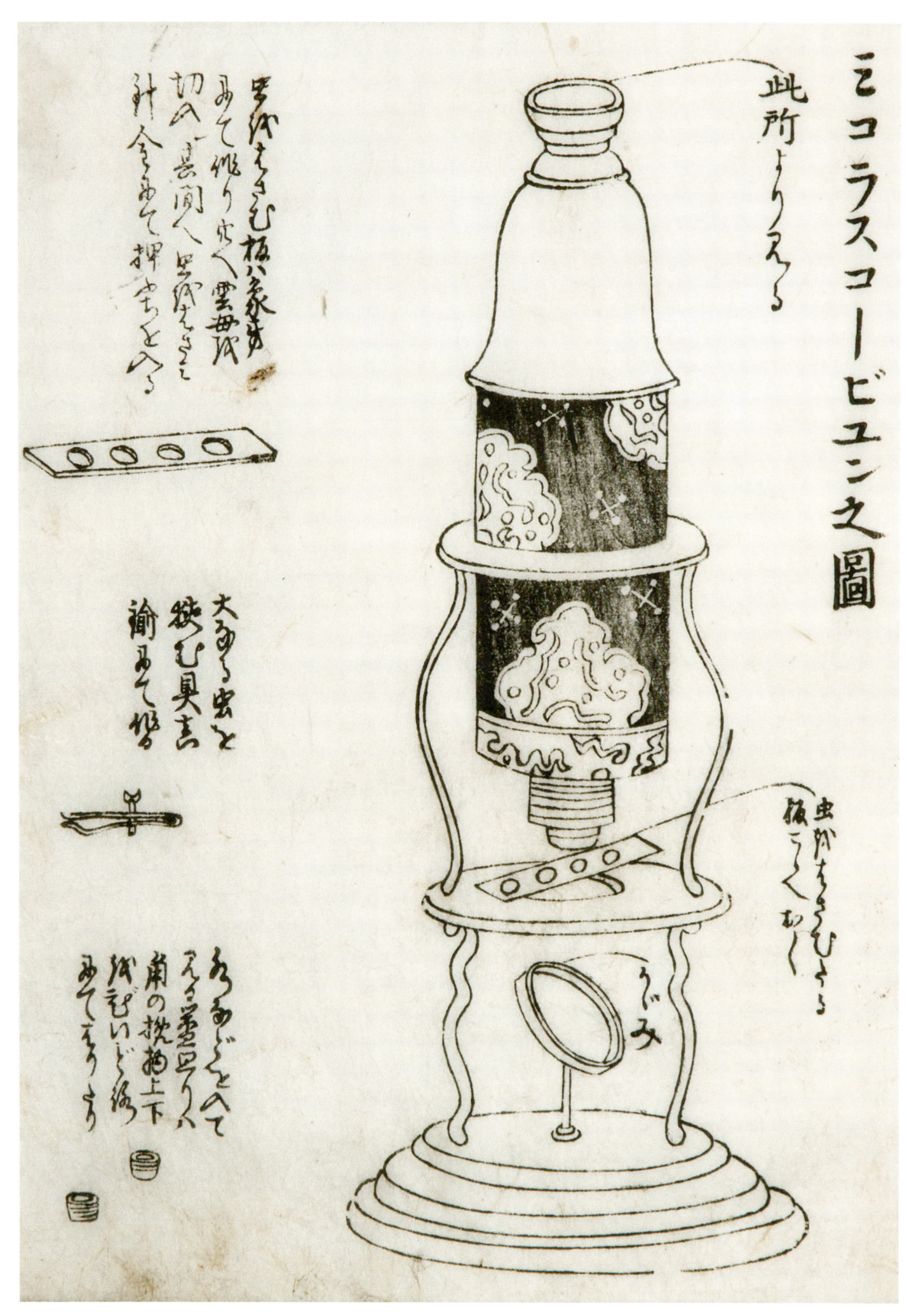

此所よりみる

虫がらすむしを板うへむしく

うづみ

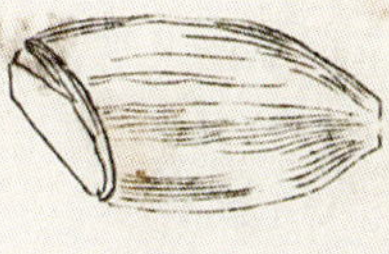

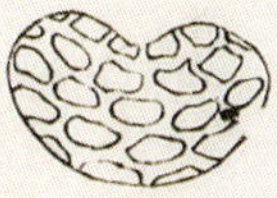

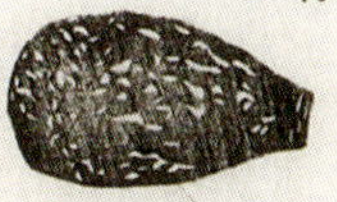

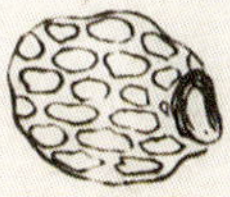

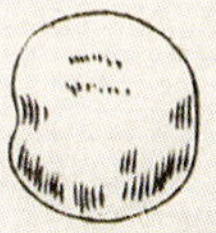

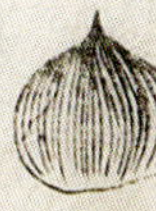

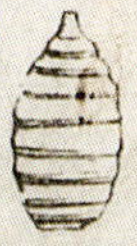

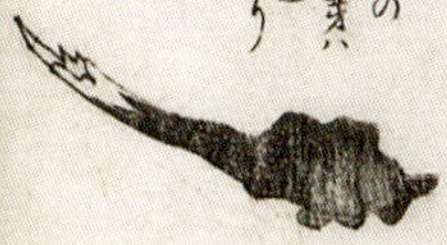

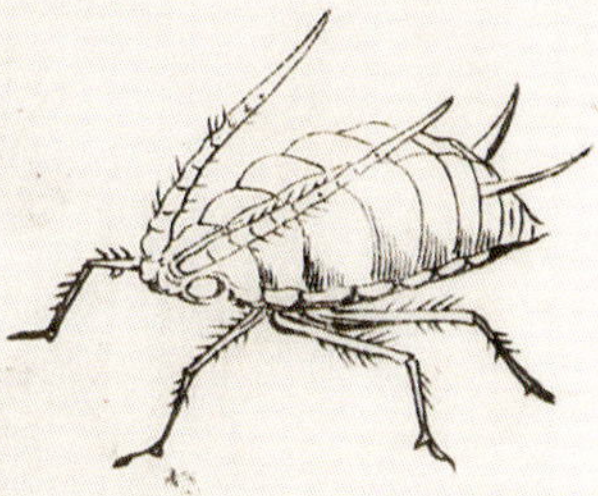

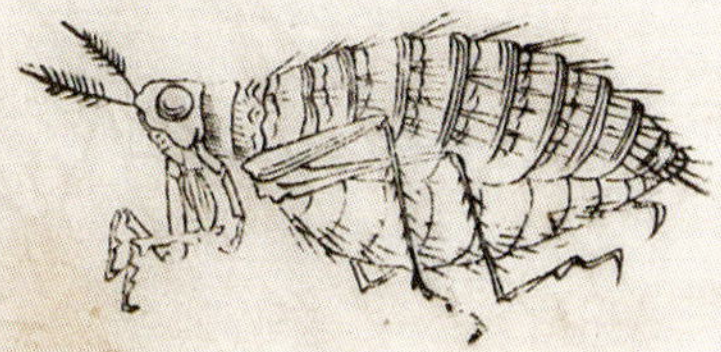

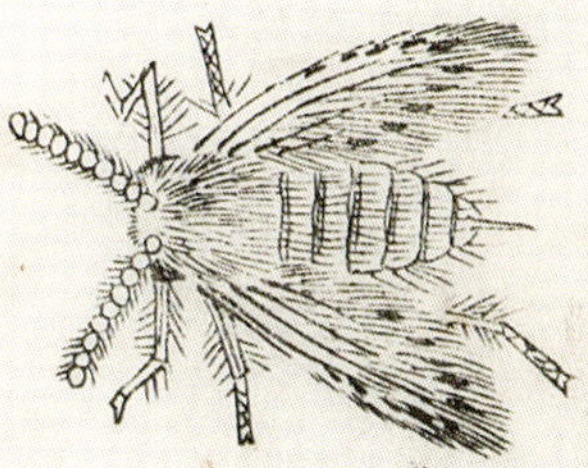

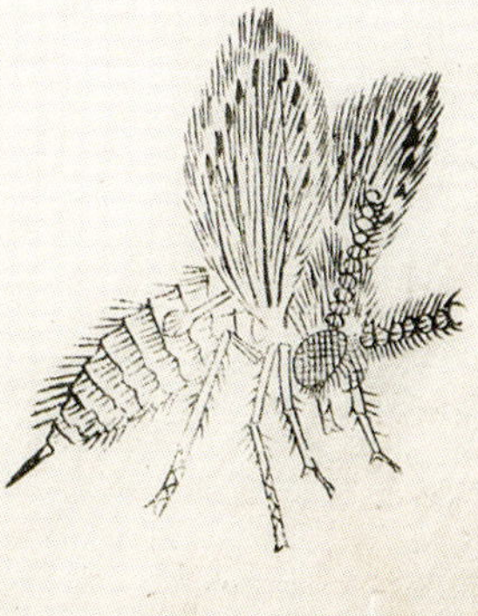

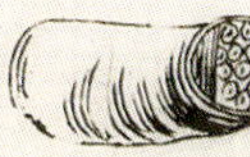

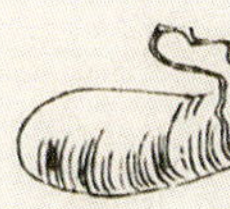

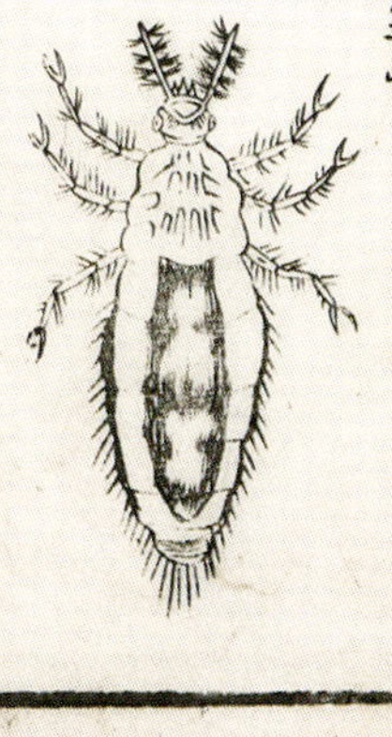

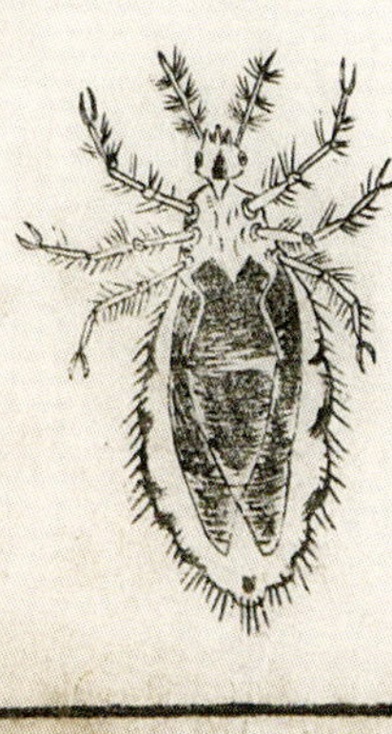

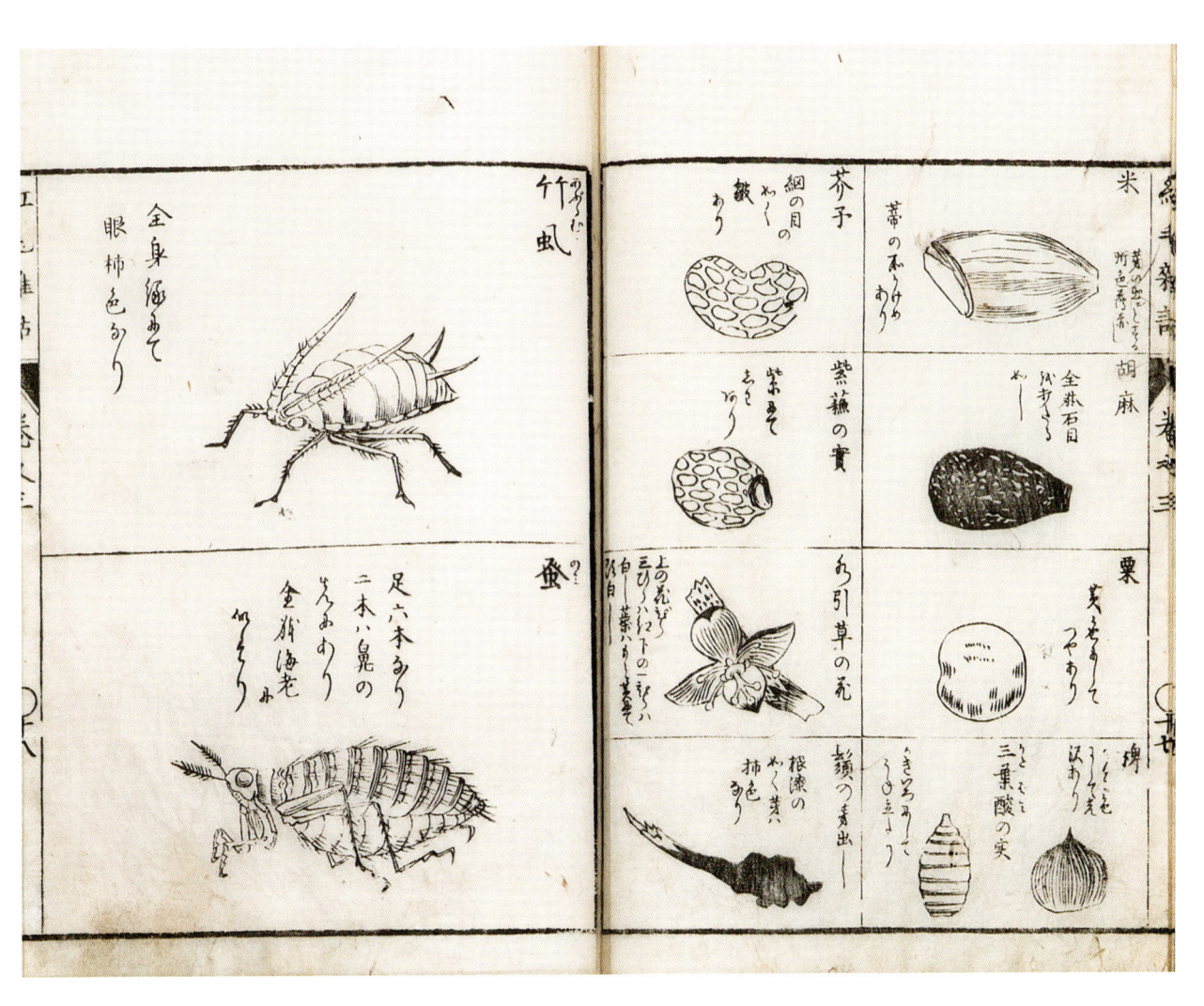

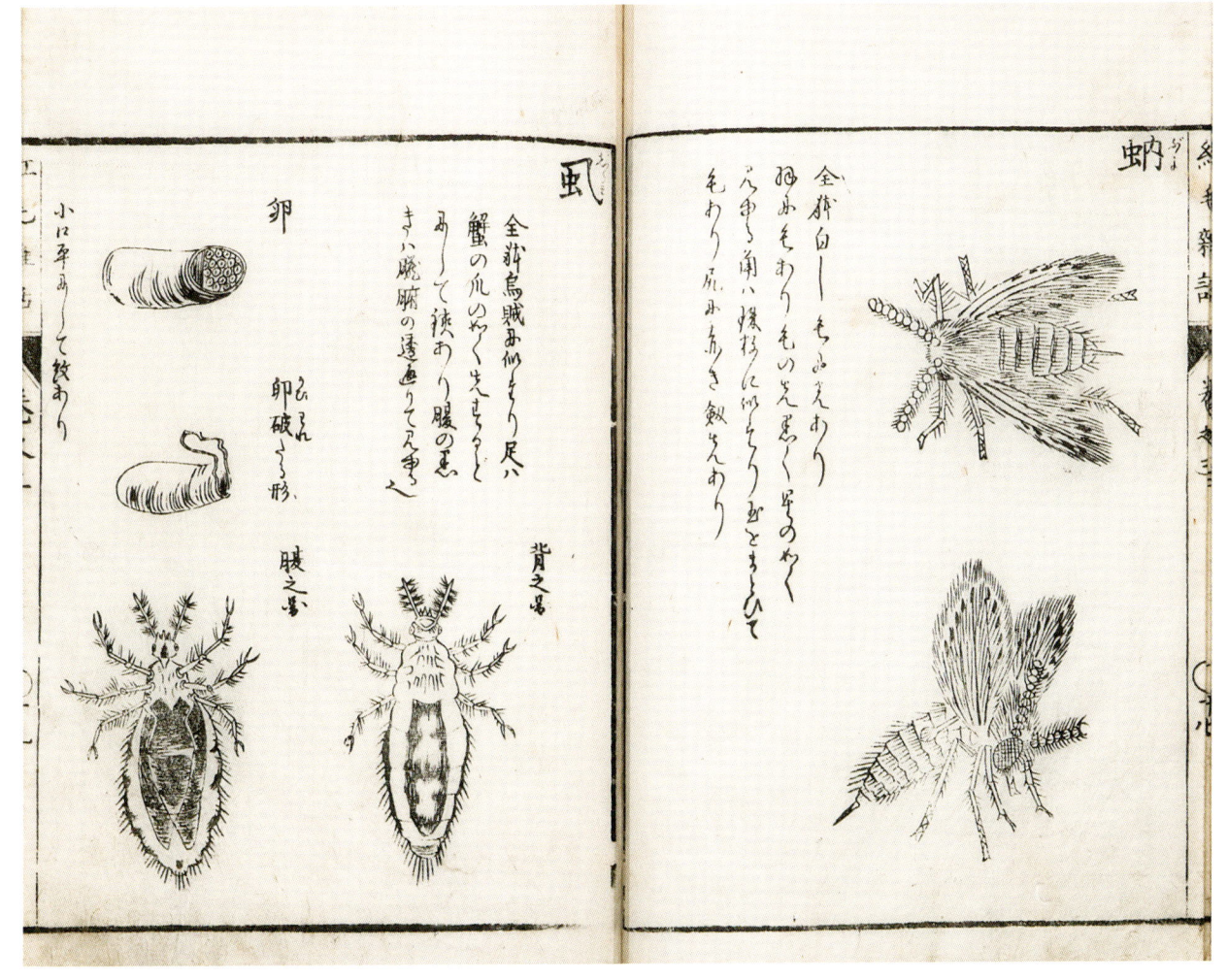

## 蠅

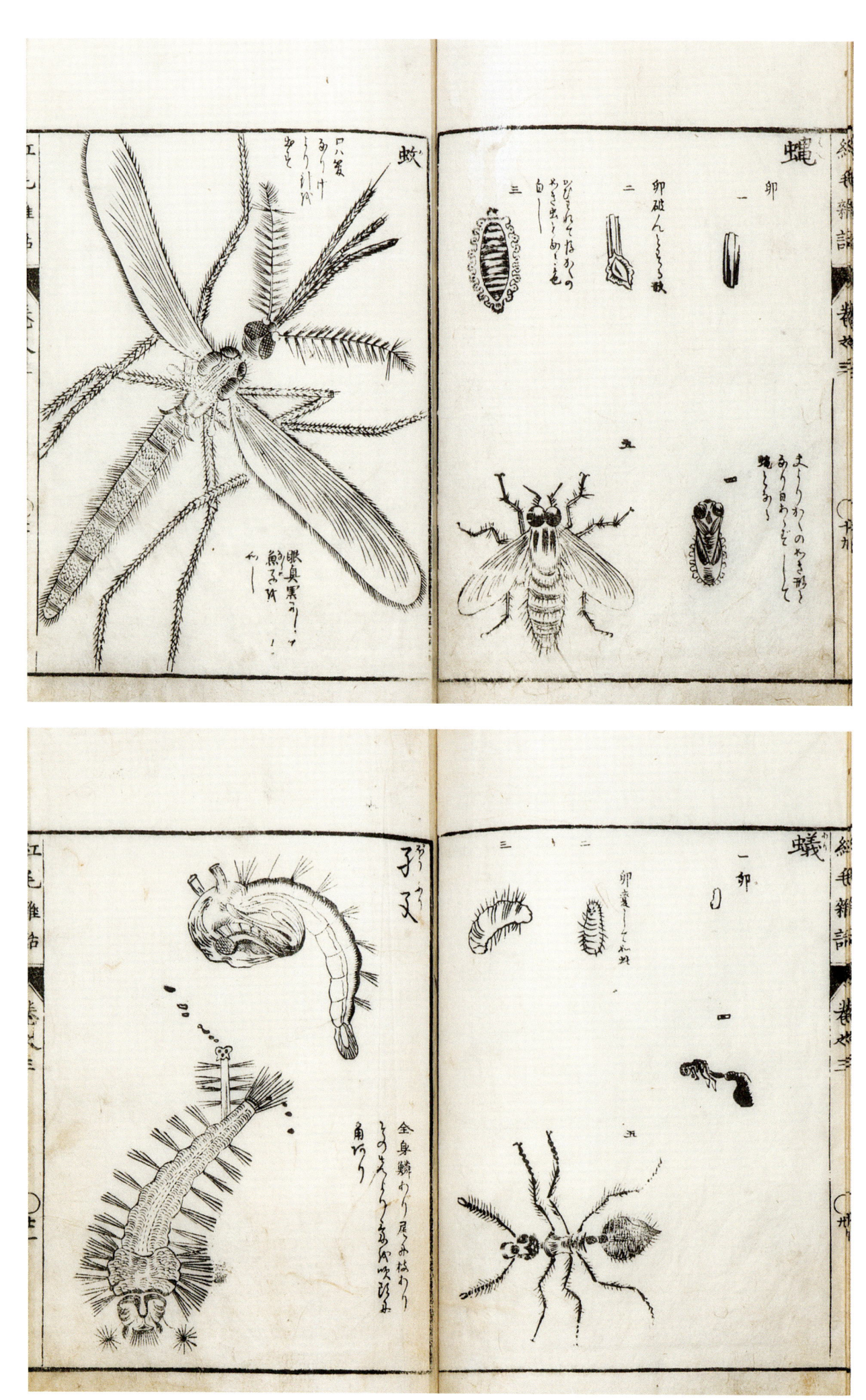

卵
一
卵破んとするかたち
二
白一
三

まとりかくのやきかた
ありめあつて
蠅となる
一

## 蚊

只八雀
ありけ
るうより
出て

眼臭黒うし
鼻ひけ
わし

## 蟻

卵
一
卵蟻そうとなりかけ
二
三

五

全身黒わり尾くみねわり
そのそうそくれわりむ
角わり

## 孑孒

# 日本の顕微鏡

カルペパー型木製単眼顕微鏡　無銘　1800年代　レプリカ　Compound microscope, Culpeper-type, unsigned, Replica
オランダ渡来の顕微鏡は豪華な装飾のものが多かったが、実用を主とする木製の顕微鏡が日本でも作られるようになった。カルペパー型なのに2本足なのは、
スケッチを見て作られた可能性があり、構造的に不安定。接眼レンズキャップ、ミラーキャップ付き。新潟県家田家所蔵のものを1975年頃複製。

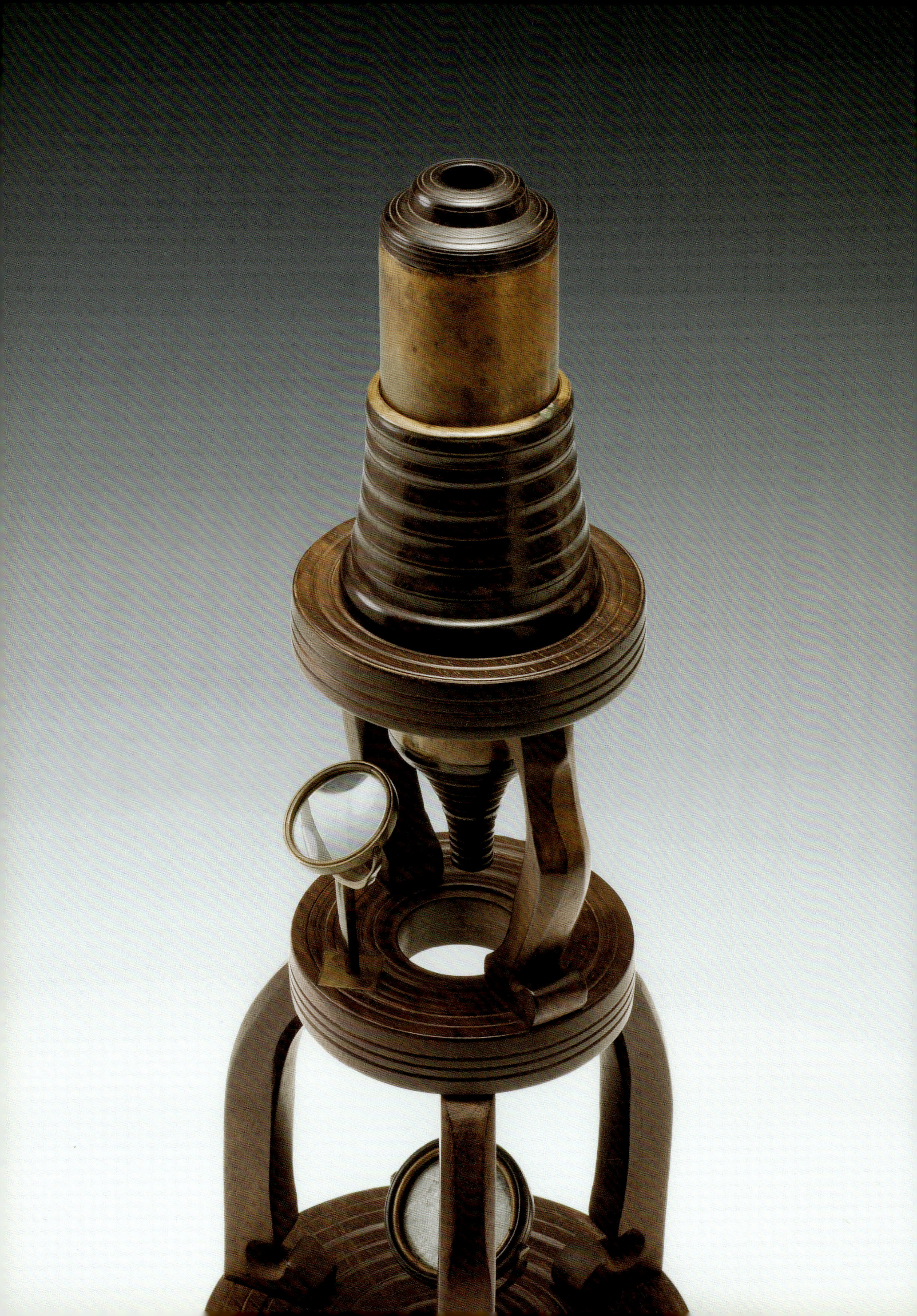

カルペパー型木製単眼顕微鏡　無銘　日本製　1800年代
Compound microscope, Culpeper-type, unsigned, Japanese
大分県竹田市で浜野太郎氏入手。カルペパー型であるが上段は2本足のため不安定な構造。鏡筒は真ちゅう製。
対物レンズ　大（高倍）、中（中倍）、小（低倍）、接眼レンズキャップ付き。

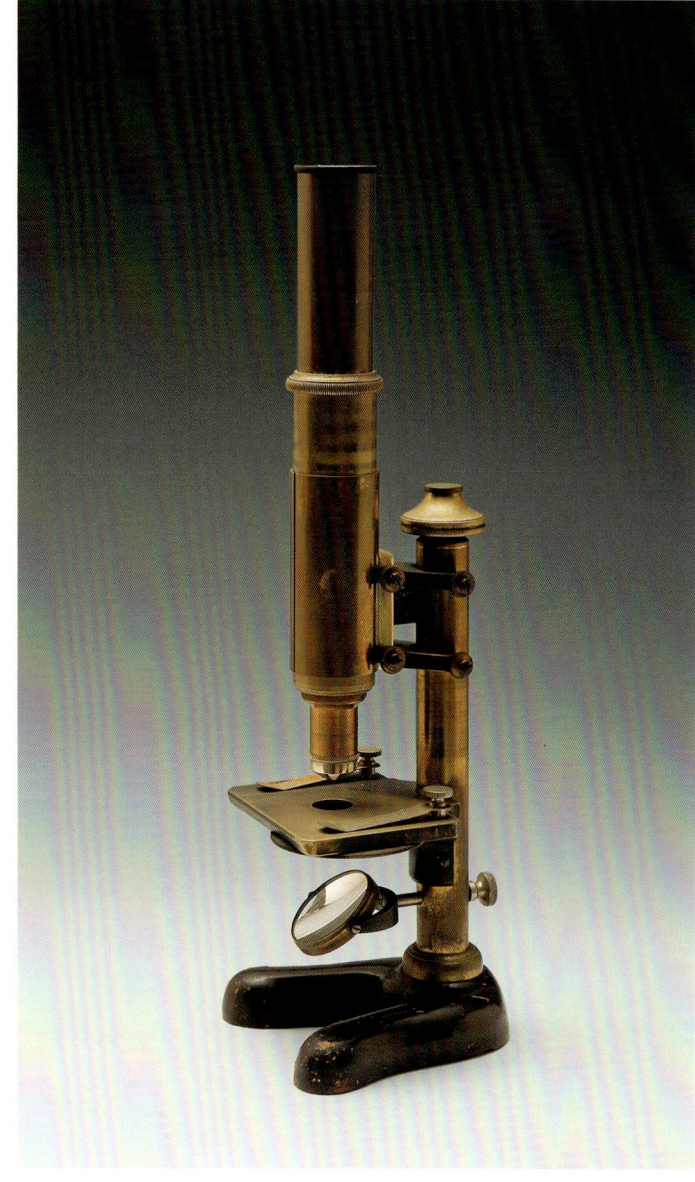

エム・カテラ　U字型単眼顕微鏡　Ⅳ型　日本製　1914〜1926年
Compound microscope, M&KATERA "Ⅳ", Japanese
松本福松（発売者）、加藤嘉吉（製造者代表）、寺田新太郎（媒介者）の頭文字をとってM.KATERAとした。1920年当時の価格は、対物、接眼レンズの組み合わせにより64円50銭〜118円50銭であった。

エム・カテラ　U字型単眼顕微鏡　Ⅴ型　日本製　1914〜1926年
Compound microscope, M&KATERA "Ⅴ", Japanese
1920年当時の価格は、対物、接眼レンズの組み合わせにより53円50銭〜71円50銭であった。

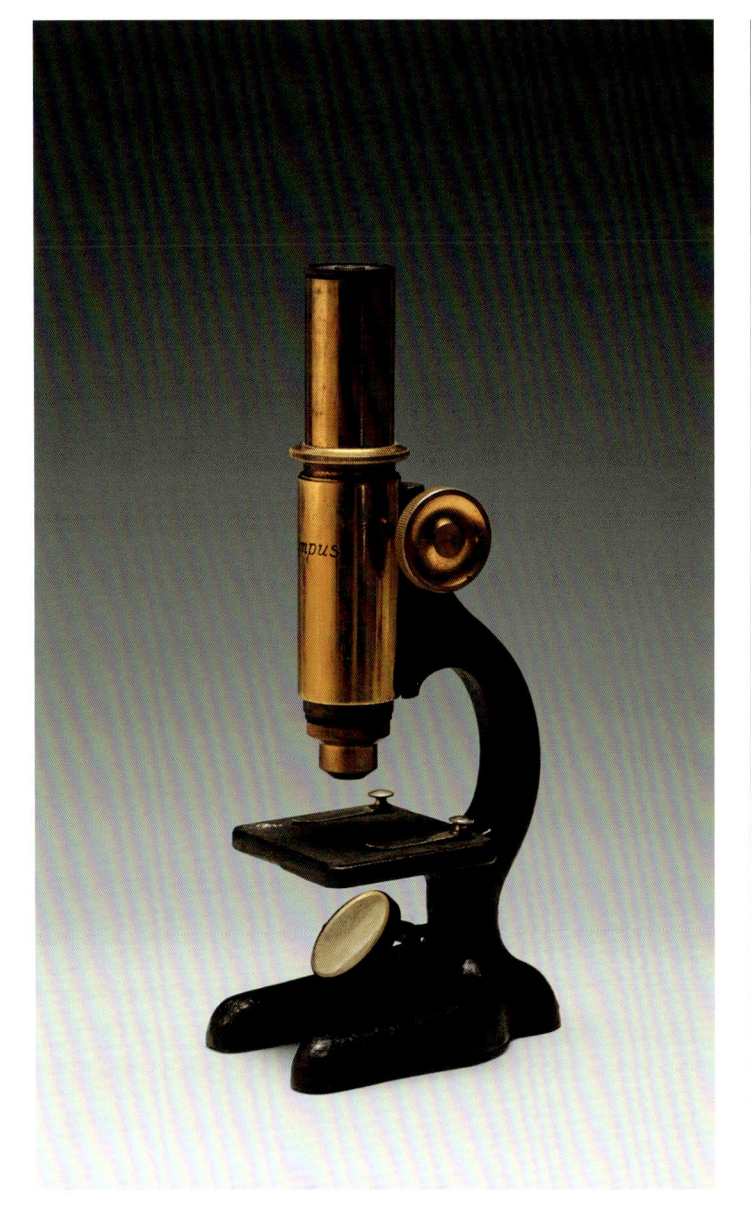

オリンパス　U字初期型単眼顕微鏡　日本製　1920年代
Compound microscope, Olympus, Japanese

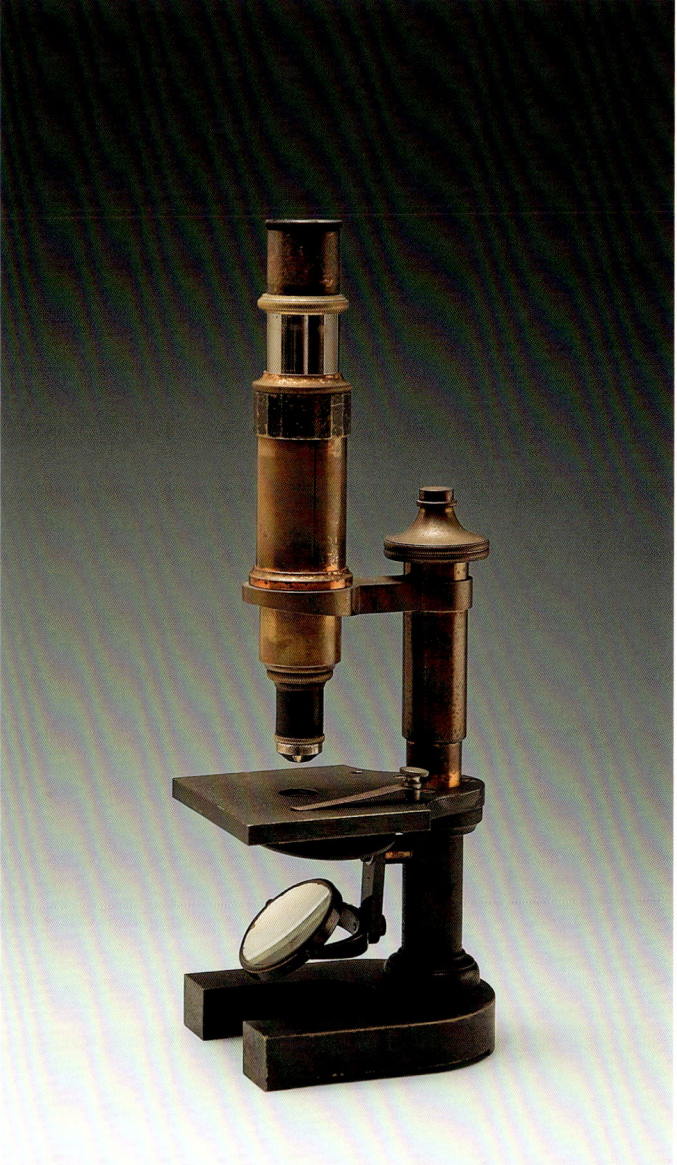

カルニュー　U字型単眼顕微鏡　日本製　1926～1938年
Compound microscope, Kalnew, Japanese

エム・カテラ　解剖顕微鏡　日本製　1920年代　Dissecting microscope, M & KATERA, Japanese
両肘を乗せ、観察しながらピンセットとメスを持って操作する。1920年当時の価格は48円であった。

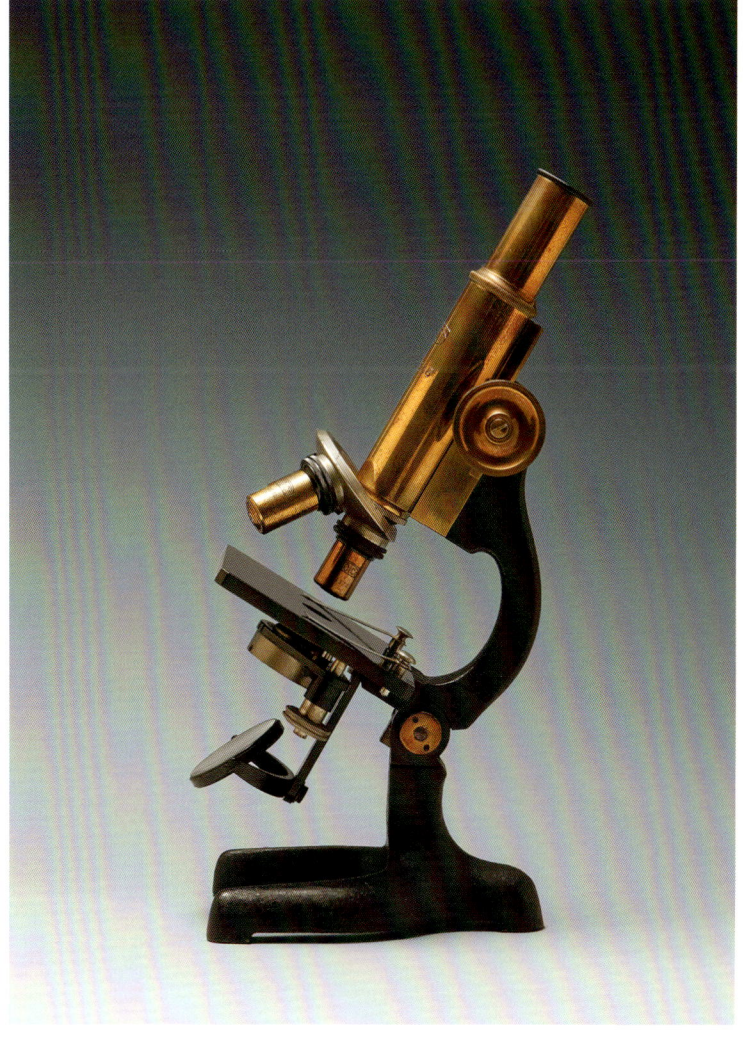

日本光学　U字型単眼顕微鏡　"JOICO"　日本製　1925～1934年頃
Compound microscope, "JOICO", Japanese
ドイツ人技師アハト設計の対物レンズを使用して1925年「JOICO」を発売した。
コンデンサレンズ付き。

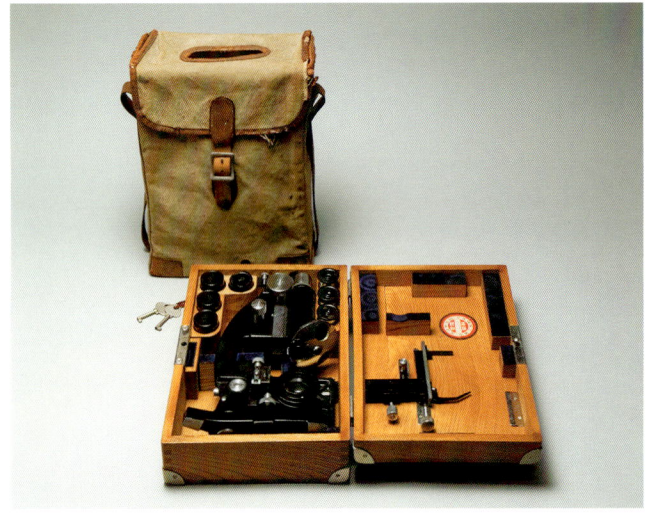

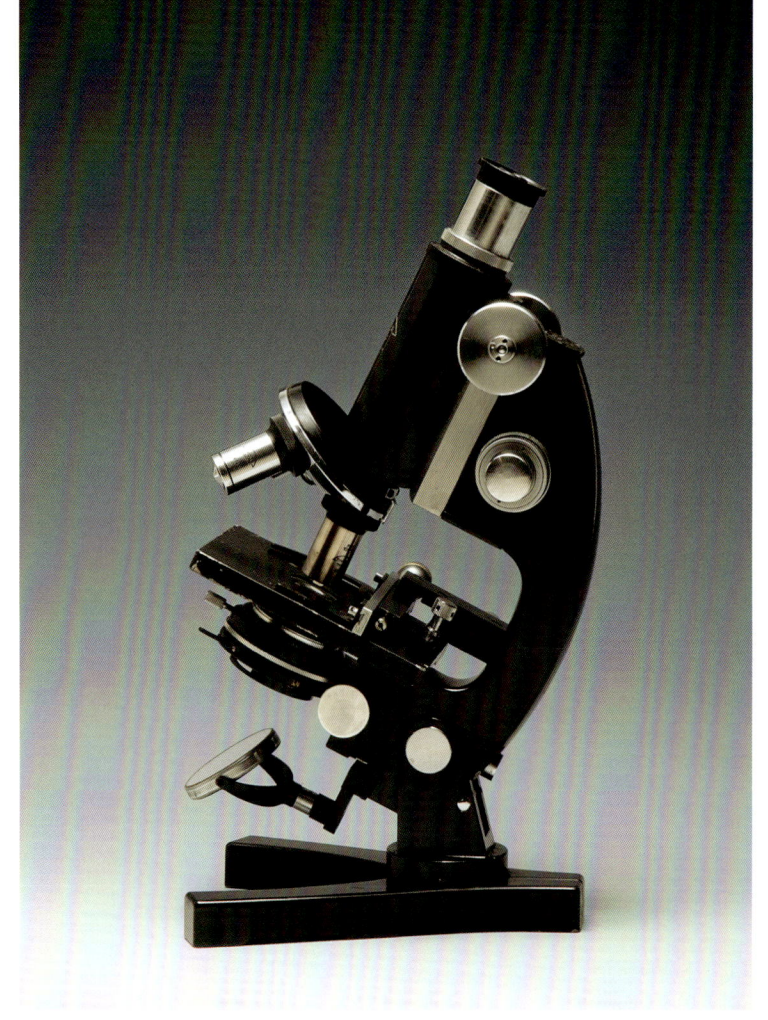

千代田　Y字型単眼携帯顕微鏡　MKQ　日本製　1930年代
Compound microscope, Tiyoda Traveling microscope "MKQ", Japanese

千代田　3本足単眼携帯顕微鏡　MKR　日本製　1942年
Compound microscope, Tiyoda Traveling microscope "MKR", Japanese

ニコン 携帯顕微鏡 H型 日本製 1958〜1979年　Compound microscope, Nikon portable model "H", Japanese
カメラに似た形態をしているがフィルムは内蔵されない。側面のレバーを回すと対物レンズが4×、10×、40×に切り替わる

# 浜野顕微鏡で伺う「顕微鏡の世界」

新田浩（にった こう）

　私が、東京文京区本郷「東京大学赤門前」にある有限会社浜野顕微鏡を初めて訪れたのは1990年の8月である。当時私は29歳、ドイツに本社のある顕微鏡メーカー「ライカ株式会社」に転職したばかりで様々な顕微鏡の使い方を現場で学び始めていた頃であった。

　私の上司である顕微鏡部部長の早川貞一氏に連れられて、ライカ（当時はまだライツ）顕微鏡の代理店である浜野顕微鏡を紹介して頂いたことが始まりで、私は古い顕微鏡に興味を持ちコレクションまで始めることになったのである。浜野顕微鏡はライカのみならずツァイスやオリンパス、そしてニコンといった4大顕微鏡メーカーの製品全てを取り扱っていて、その浜野氏は「顕微鏡」のことなら何でも知っている専門家である。

　「何でも」とここで言いたい意味は、最新の顕微鏡についての理論など書物に書かれている学問的な知識を指しているのではない。一つ目に、浜野氏の丁稚奉公時代から続く解体や修理など豊富な体験が元になっている古の顕微鏡、特に昔のドイツ人の職人技的な金属加工技術についてのお話と、外国製品を真似た昭和初期の日本製顕微鏡の加工技術や合理的な「作り」についてのお話を、当時の実物を前にして話される姿が他の誰とも違った印象で実に説得力があり魅了されることである。

　二つ目に、浜野氏の様々な分野における一流の顧客との会話から得られた専門知識に驚かされる。浜野氏は、相手に興味があると思われる部分を学問の難しい処を省いて話されるので、私のような素人でも楽に理解できるのである。これはきちんと相手の話を聞いて自分の中で内容を完璧に理解していないとできないことと思われるため、浜野氏は相当注意しながら大学や病院の先生とお話をされていたに違いない。

三つ目に、今回の美しい写真集に一例がある通りの膨大な数の顕微鏡コレクションから得られた知識である。当時高額な製品であった顕微鏡の実物に触れ自身のものとして観ることができることは、浜野氏の顕微鏡研究に大いに参考になったと思われる。以上のことは決して書物からは得ることのできない知識であり、浜野氏の顕微鏡哲学とも受け取れることから「顕微鏡のことなら何でも」と私が言いたい所以である。

　最後に、私が浜野氏のお話の中で印象に残っている題材の一つに、1770年代に描かれた小田野直武の西洋画の技法を取り入れた「東叡山不忍池」に描かれた「アリ」がある。「花に非常に小さなアリが数匹描かれていることに気が付くか否か」ここに顕微鏡観察的な遊びが感じられる、といったお話をライカ株式会社に転職した当時楽しく伺い、私は直ぐに浜野氏の大のファンになったのである。

ライカマイクロシステムズ株式会社<br>
バイオシステムズ事業部　マーケティンググループ<br>
プロダクトマネージャー

## 携帯・供覧顕微鏡

当初は高級品として研究室などの屋内で使用された顕微鏡は、製造技術が発達し、量産化が進むようになると一般にも普及するようになり、需要に応じて廉価版をはじめ、様々なタイプが登場した。中でも携帯顕微鏡は、屋外に持ち運んで観察することができる顕微鏡として1800年代後半から登場した。コンパクトに持ち運びできるよう折り畳み方や、ケースの形状といった各部分に作り手独自の工夫が凝らされるなど、見どころが多い。供覧顕微鏡は学校で使うことを目的に作られた簡便な構造の顕微鏡で、指導者がピントを合わせた後、生徒たちに回して観察させていた。

ライヘルト　V字型単眼携帯顕微鏡　Heimdal　オーストリア製　1926～1927年
Compound microscope, Reichert Traveling microscope "Heimdal", Austrian

ライヘルト　V字型単眼携帯顕微鏡　オーストリア製　1896年
Compound microscope, Reichert Traveling microscope, Austrian

No 14219

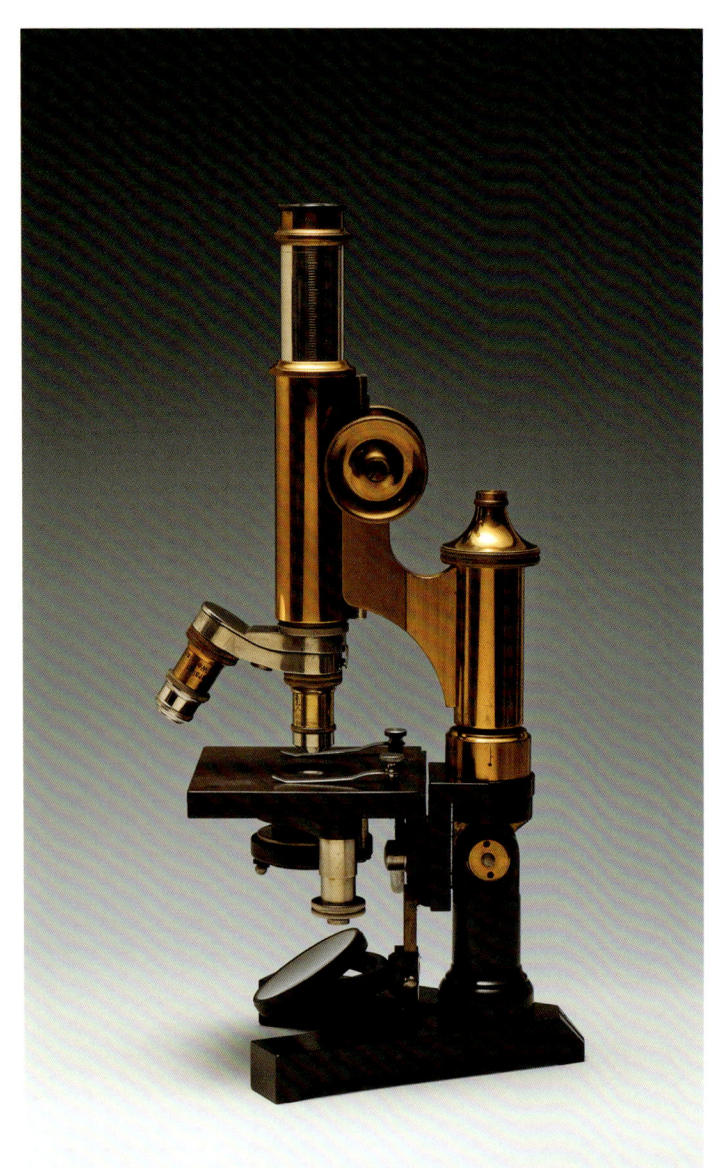

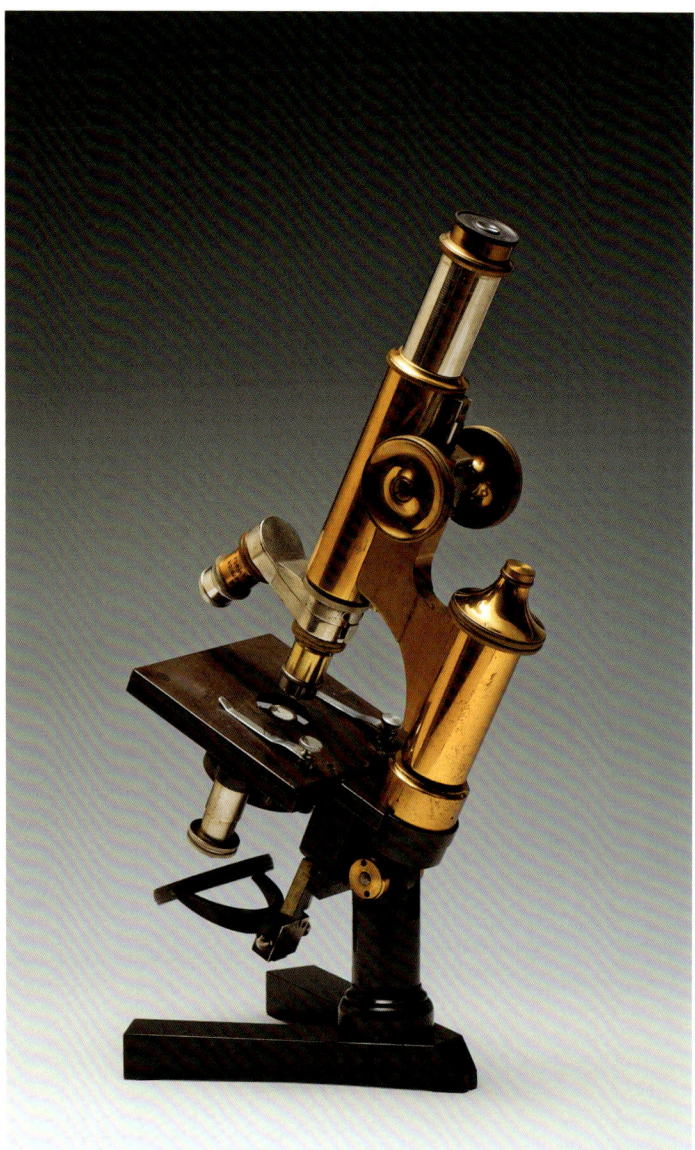

ライツ　V字型単眼携帯顕微鏡　ドイツ製　1909年　Compound microscope, Leitz "Large Traveling microscope", German

ツァイス　単眼供覧顕微鏡　ドイツ製　1895〜1926年　Compound microscope, Zeiss Demonstration microscope, German
日本では供覧顕微鏡というが、英語では demonstration microscope 又は hand microscope という。

ライツ　懐中顕微鏡　ドイツ製　1920年代　Simple microscope, Leitz "Simple Pocket Microscope", German
レンズ　40×、80×、120×　両側のつまみを押して幅12ミリのプレパラートを差し込み、離すと固定する。

クラウゼ　単眼供覧顕微鏡　アメリカ製　1880～1925年　Compound microscope, Bausch & Lomb Demonstration microscope, American

ライツ 単眼供覧顕微鏡 DEM ドイツ製 1930年　Compound microscope, Leitz Demonstration microscope, "DEM", German　1930年当時の価格は62円40銭であった。

ヘンソルト　筒型単眼携帯顕微鏡　Tami　ドイツ製　1920〜1928年　Compound microscope, Hensoldt Traveling microscope "Tami", German

ヘンソルト　筒型単眼携帯顕微鏡　Protami　ドイツ製　1925～1934年　Compound microscope, Hensoldt Traveling microscope "Protami", German
資料ケースをステージ下に収納、底には顕微鏡固定用のネジ穴がある。

ゲオルク クレンプ　U字型単眼携帯顕微鏡　Klemi　ドイツ製　1924〜1935年　Compound microscope, Georg Kremp Traveling microscope "Klemi", German
収納時はステージとミラーを垂直に回転させ、その間に鏡筒を降ろして来る。

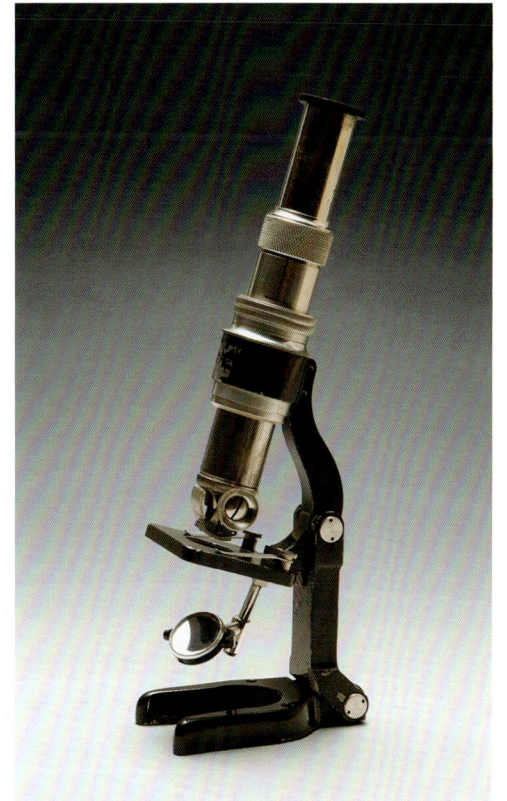

ライツ　折畳み顕微鏡　MINOR　ドイツ製　1930年　Compound microscope, Leitz Pocket microscope, "MINOR", German
大変コンパクトに折畳める傑作。対物レンズ脇のつまみを回すとレンズが重なり、倍率を上げられる。1930年当時の価格は92円80銭であった。

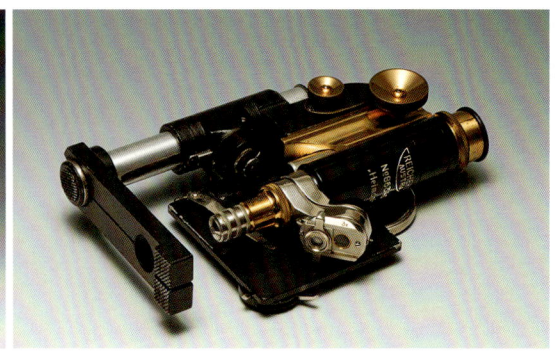

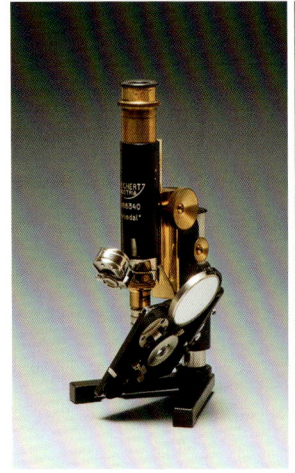

ライヘルト　V字型単眼携帯顕微鏡　Heimdal
オーストリア製　1926〜1927年
Compound microscope,
Reichert Traveling microscope "Heimdal", Austrian
非常に美しくコンパクトに折り畳まれている。

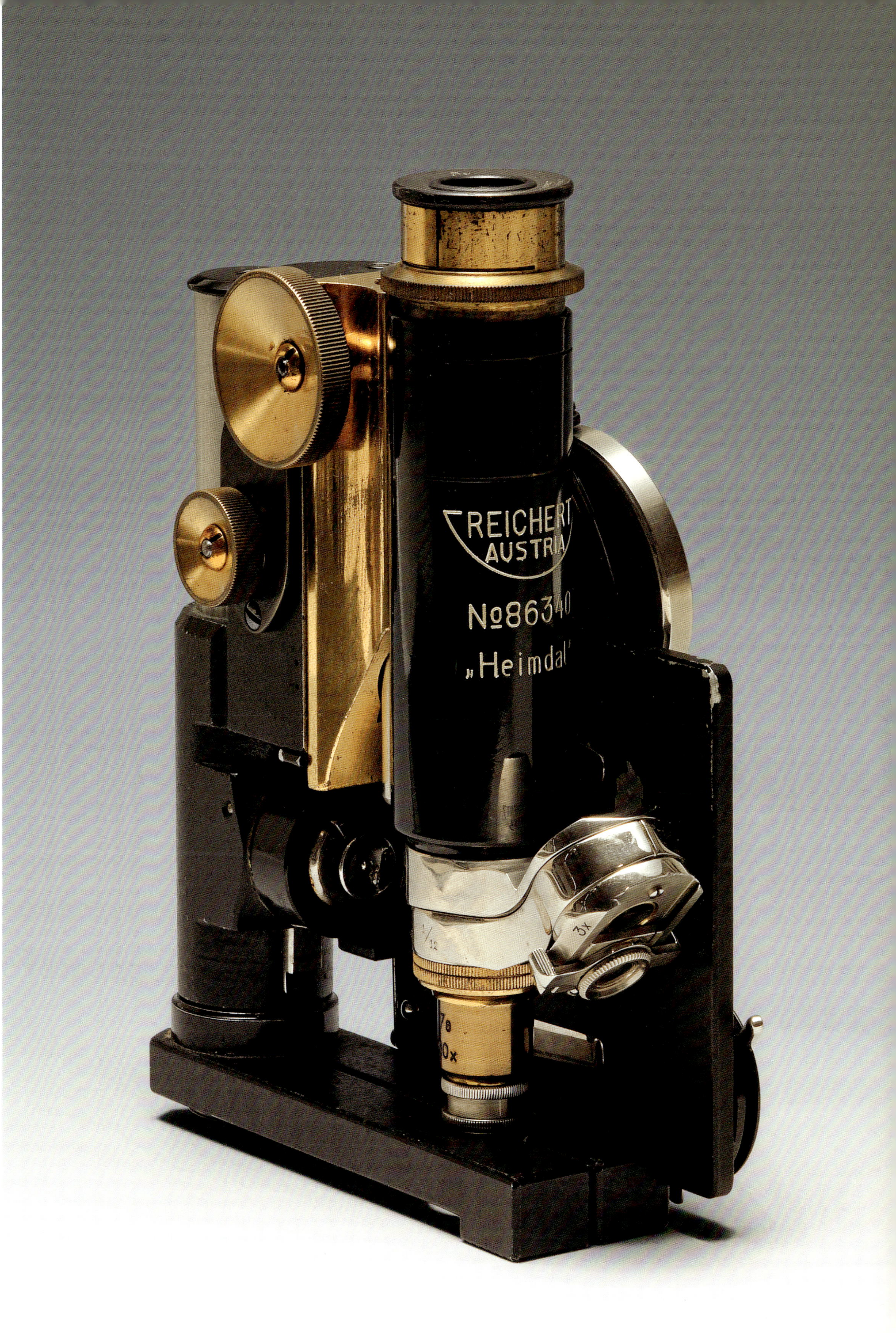
REICHERT
AUSTRIA
№86340
„Heimdal"
3x

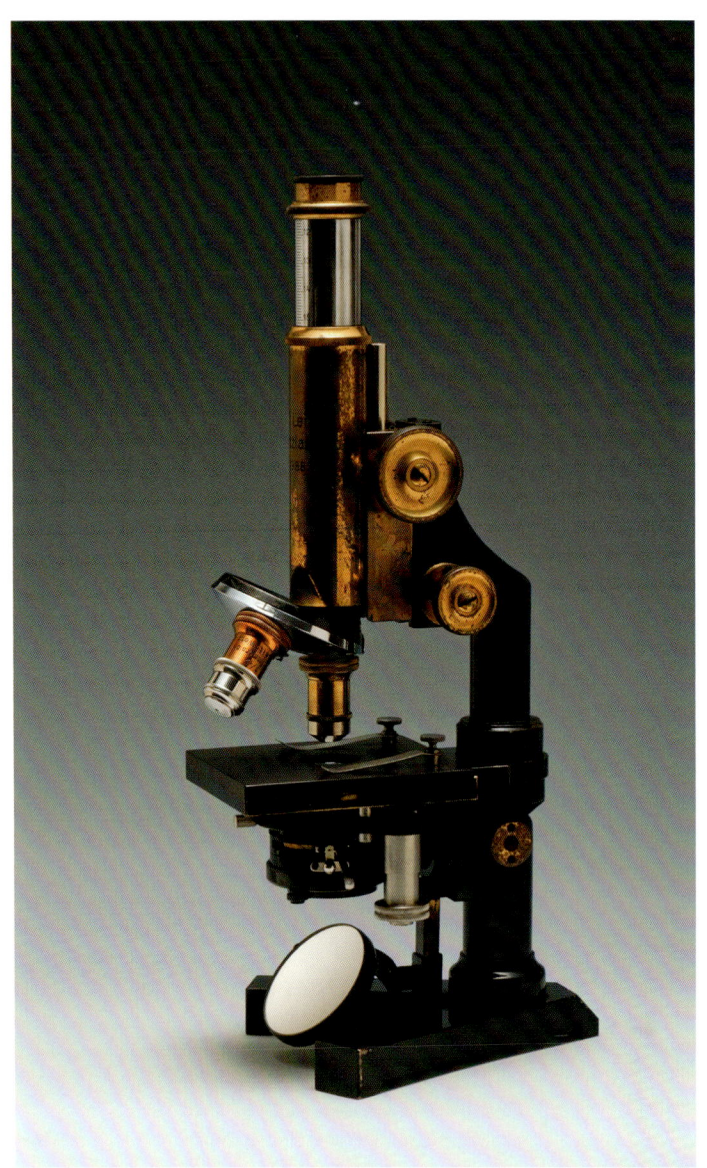

ライツ　Ｖ字型単眼携帯顕微鏡　ドイツ製　1934年　Compound microscope, Leitz "Large Traveling microscope", German
1929年当時の価格は収納箱入りセットで380円であった。

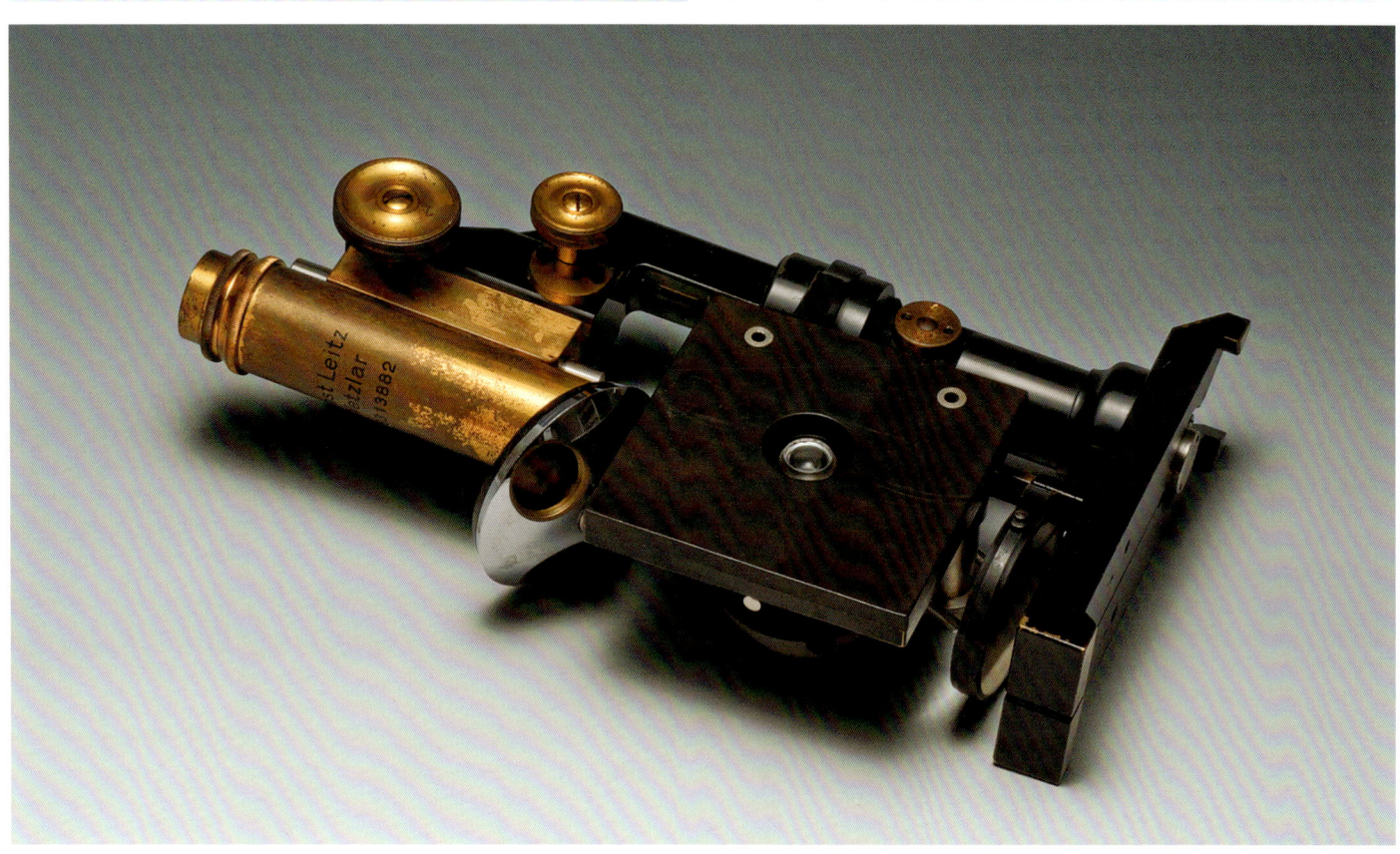

## その他の顕微鏡

顕微鏡を使った研究が盛んになるにつれ、それぞれの研究に特化した精度の高い光学顕微鏡が開発されていった。照明法も数多く開発され、用途に応じて使い分けられるようになった。ここでは数ある光学顕微鏡の中から、低倍率の解剖顕微鏡、金属表面の観察に適した金属顕微鏡、植物の成長観察などに使用する水平顕微鏡などのほか、暗いが解像力が高く標本の僅かな凹凸を検出できるウルトロパーク照明（落射暗視野照明）の顕微鏡や、標本の複屈折性の度合いをあざやかなカラーコントラストとして観察できる偏光顕微鏡といった特徴的なモデルを紹介する。

1本支柱単眼偏光顕微鏡　無銘　1860〜1880年　Polariscope, unsigned

解剖顕微鏡　無銘　1840〜1880年代　Dissecting microscope, unsigned　収納箱にポールをねじ込んで使用する。

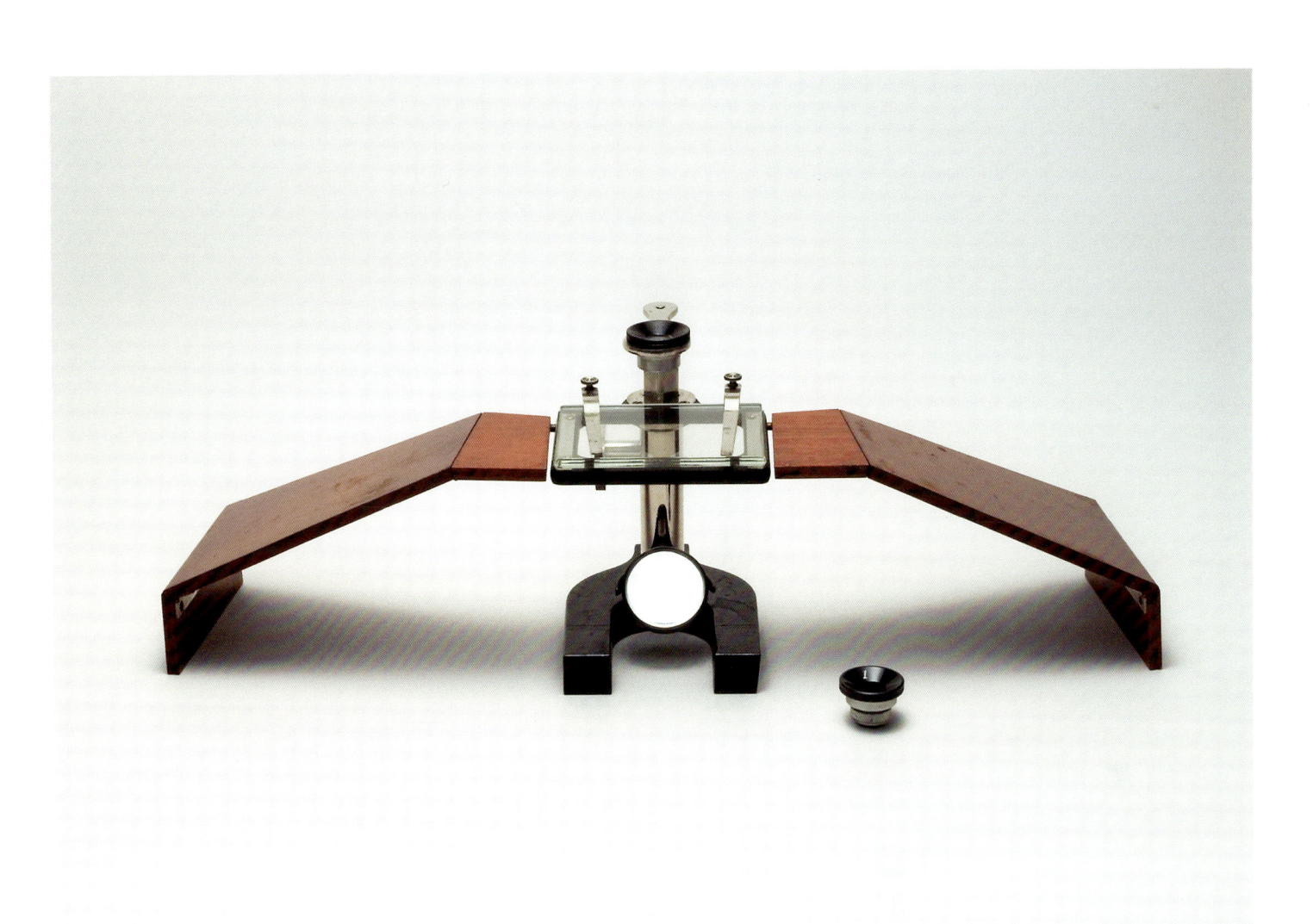

クラウゼ　解剖顕微鏡　アメリカ製　1914～1925年　Dissecting microscope, Bausch & Lomb, American　両肘を乗せ、ピンセットとメスを持って操作する。

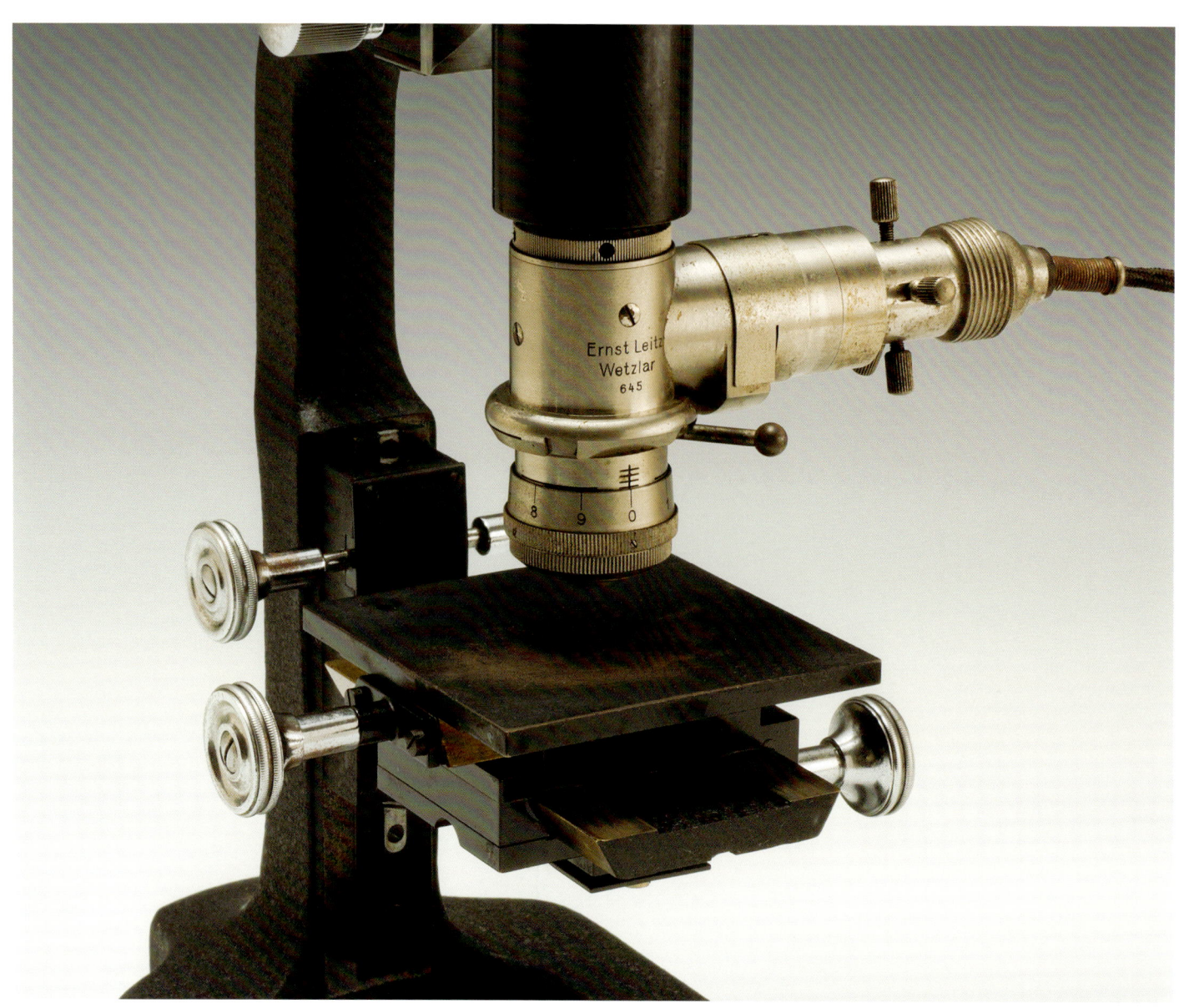

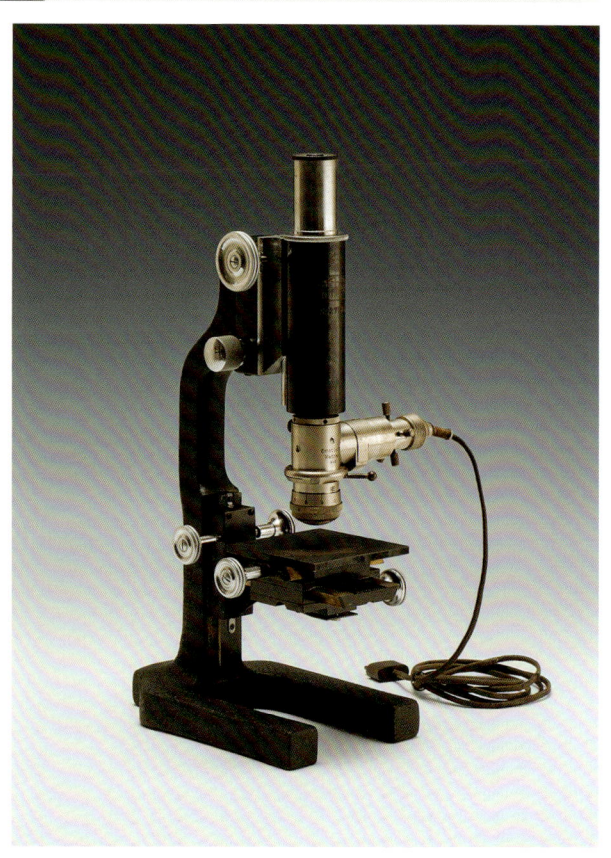

ウインケルツァイス　U字型金属顕微鏡 + ライツ 落射暗視野照明（ウルトロパーク）ドイツ製
ツァイス　1935年頃、ライツ　1896〜1920年
Compound microscope, Winkel-Zeiss and Leitz "Ultropak", German
金属などを観察する時には、光を真横から照らし45度のハーフミラーで垂直に落とす。
その反射光を再びハーフミラーを通して垂直に接眼レンズにもって行く。

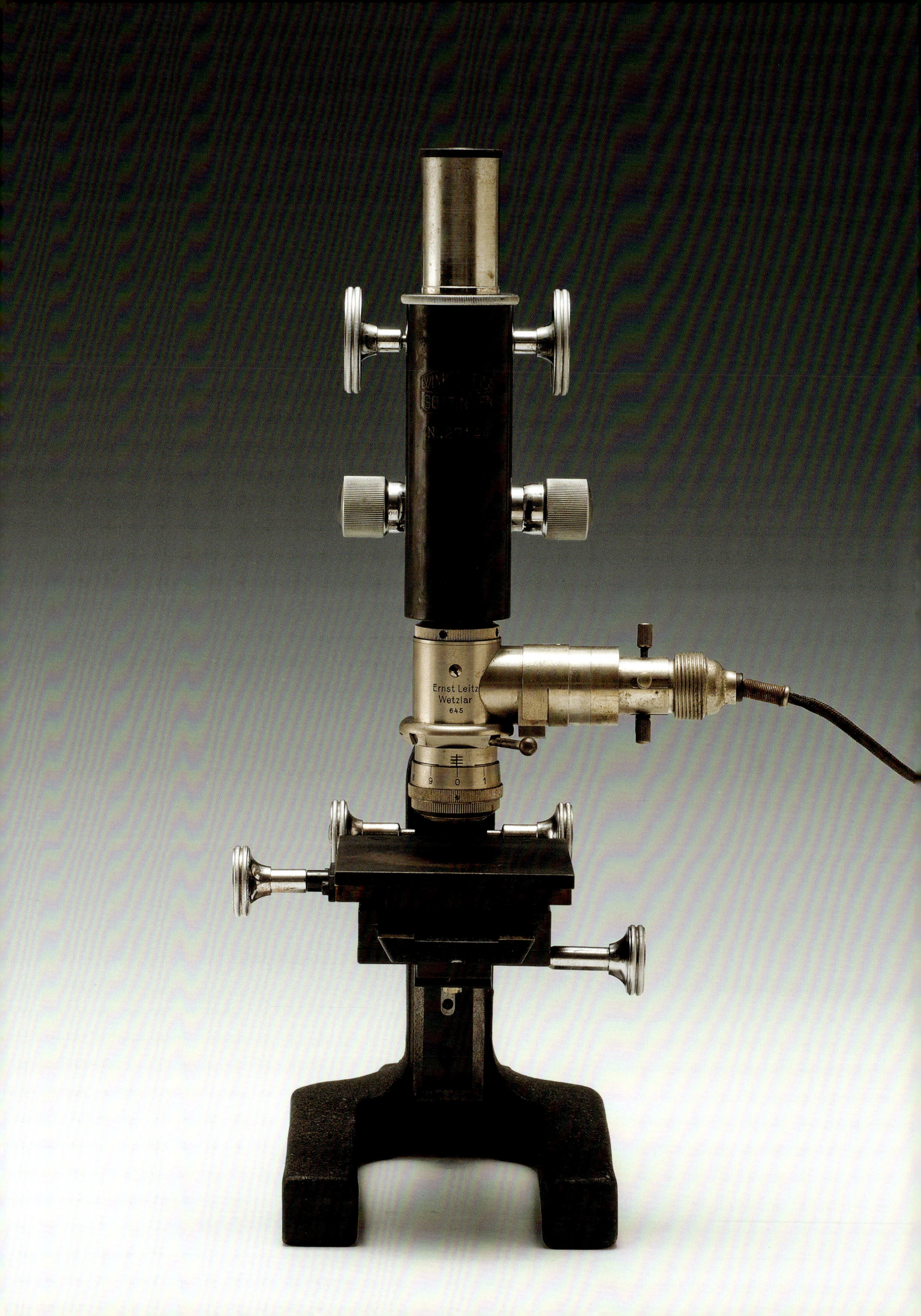
Ernst Leitz
Wetzlar
645

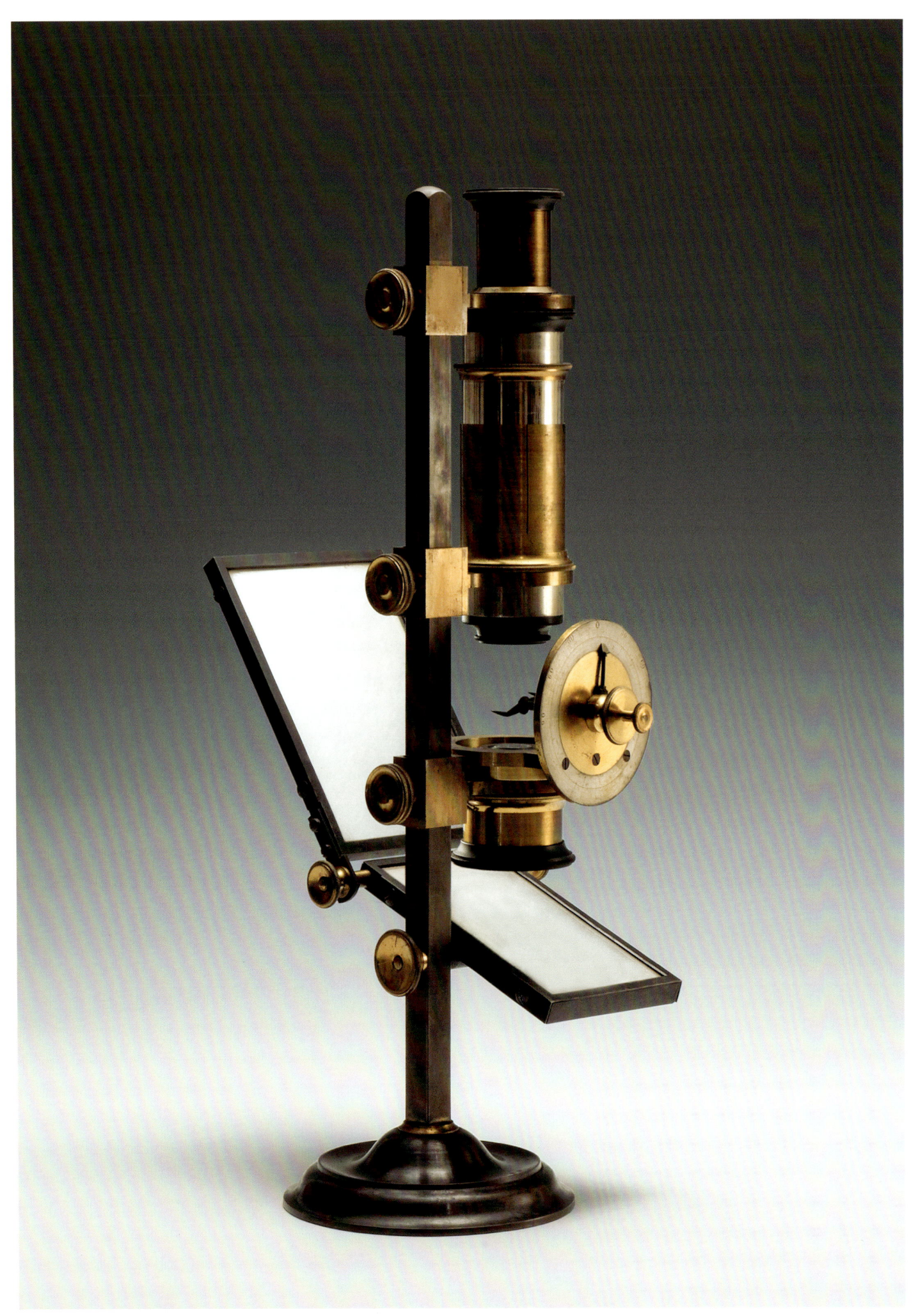

1本支柱単眼偏光顕微鏡　無銘　1860～1880年　Polariscope, unsigned　当時はコンデンサと接眼レンズの位置に、偏光フィルタではなく方解石が使われていた。

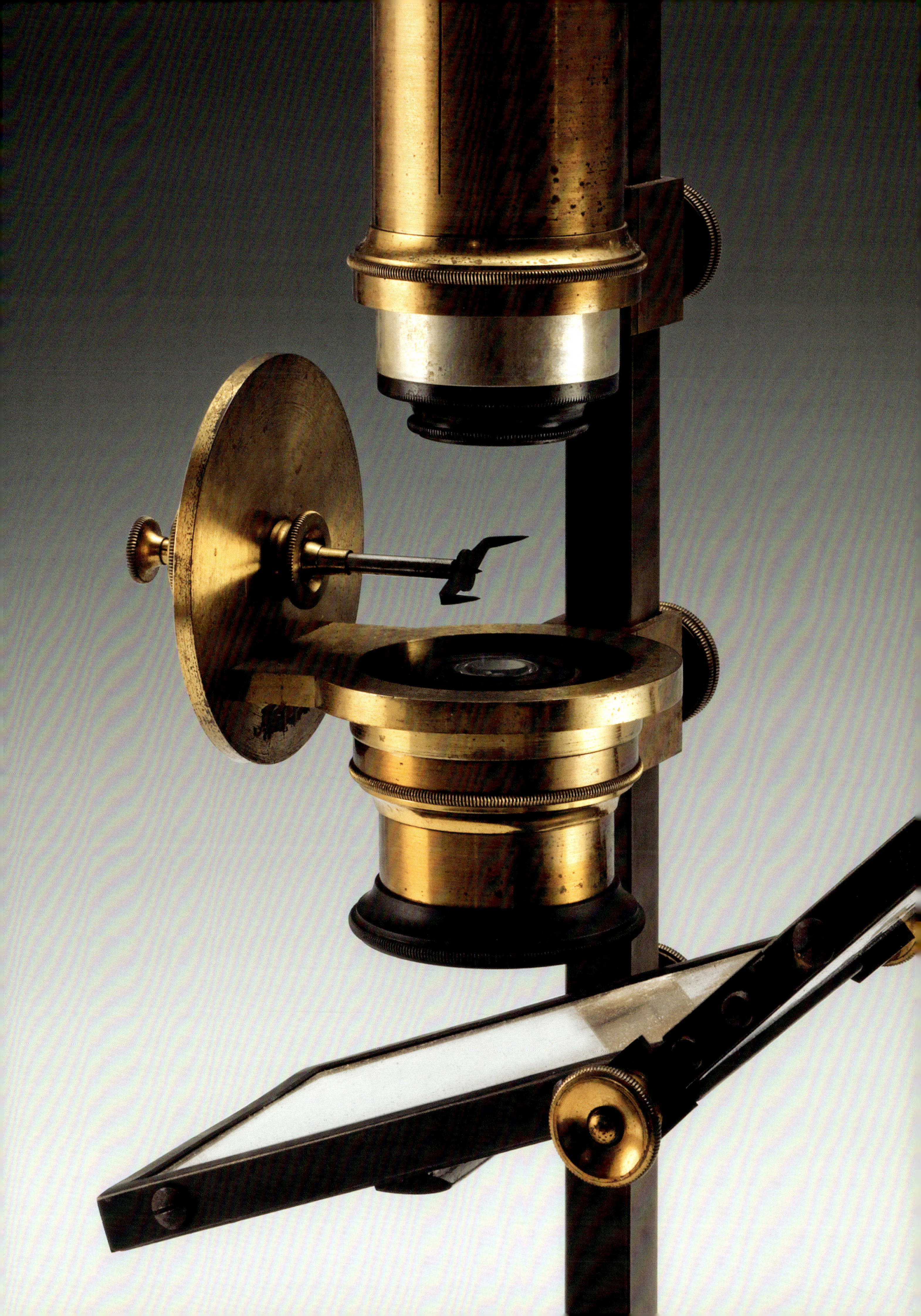

ライツ　水平顕微鏡　VRM　ドイツ製　1919年
Compound microscope, Leitz Vertical reading microscope "VRM", German
植物の成長観察などに使われたという。水準器付き。
1930年当時の価格は161円60銭であった。

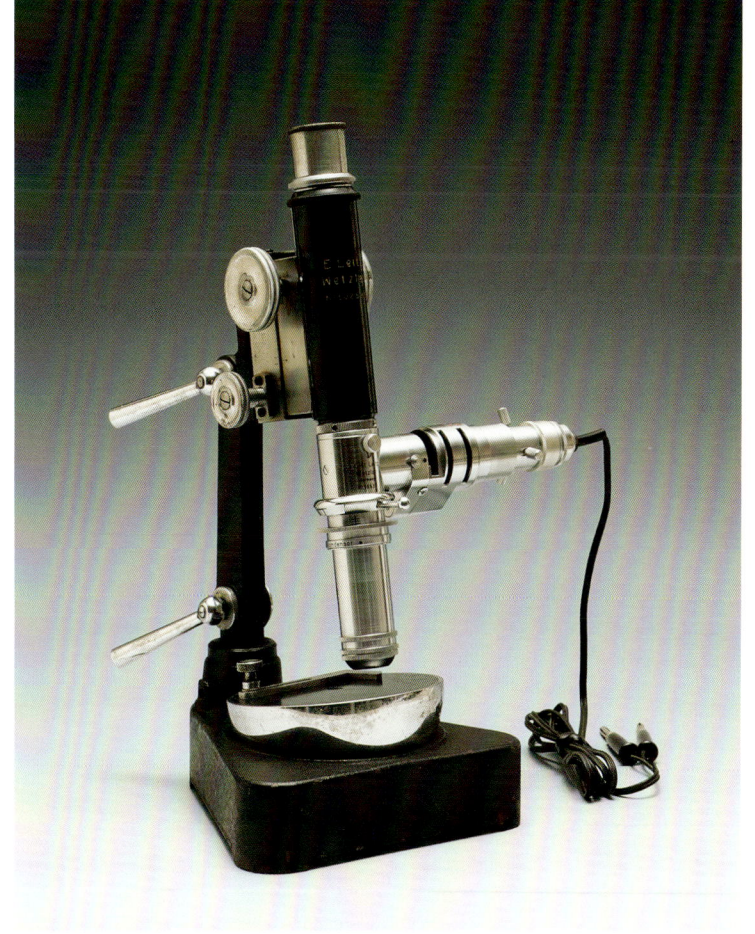

ライツ　落射暗視野照明（ウルトロパーク）付き自在顕微鏡　ドイツ製　1910年
Compound microscope, Leitz Metallurgical microscope, German
鉱物など標本が傾斜している場合、台を調整して水平を出し鏡筒もそれに倣って調整する。

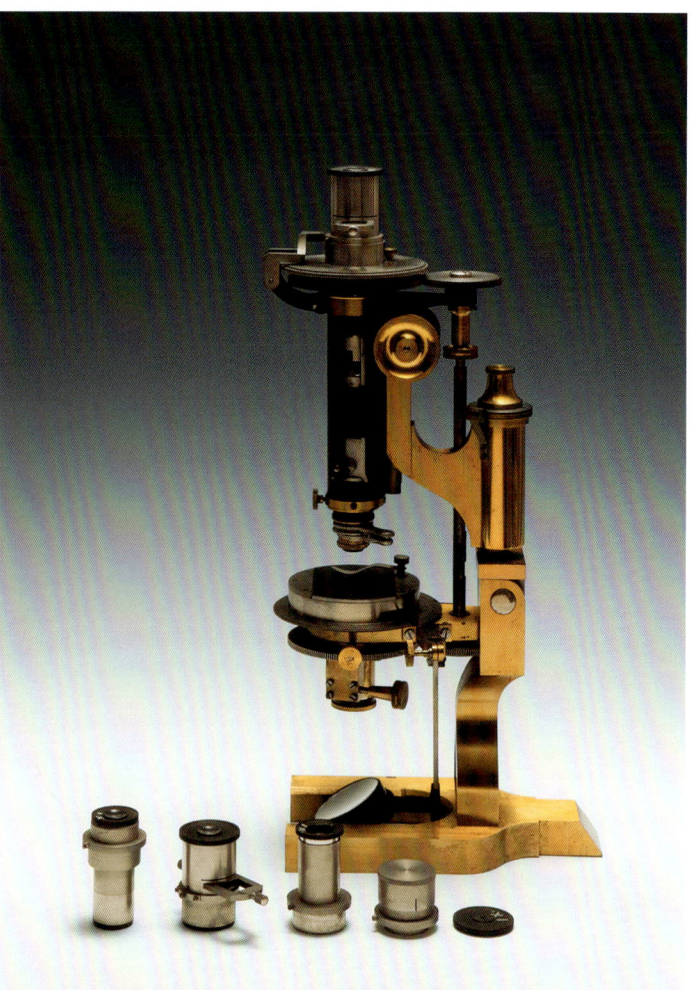

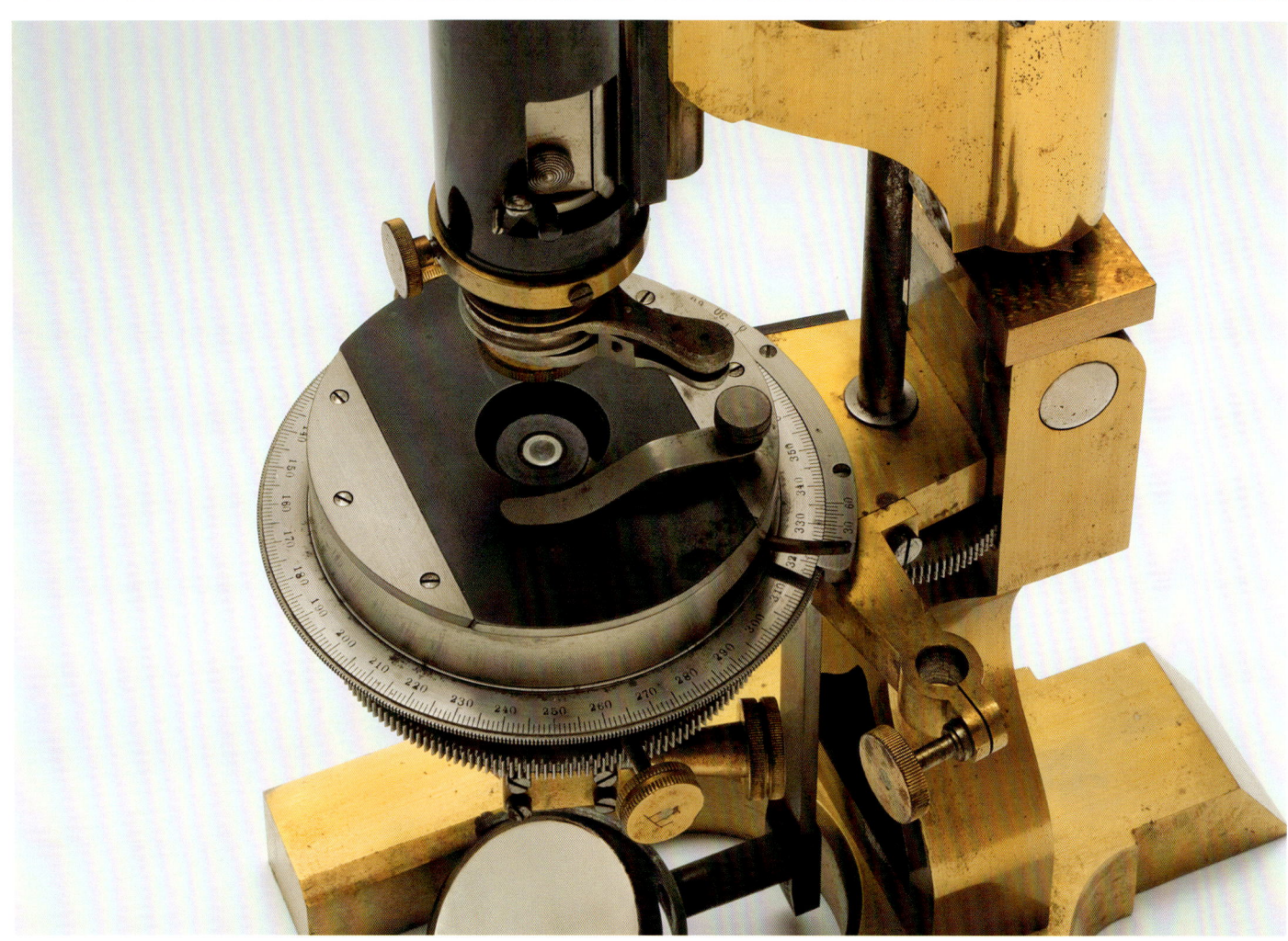

フェス U字型単眼偏光顕微鏡 ドイツ製 1907年頃　Compound microscope, Fuess Petrographical microscope, German

107

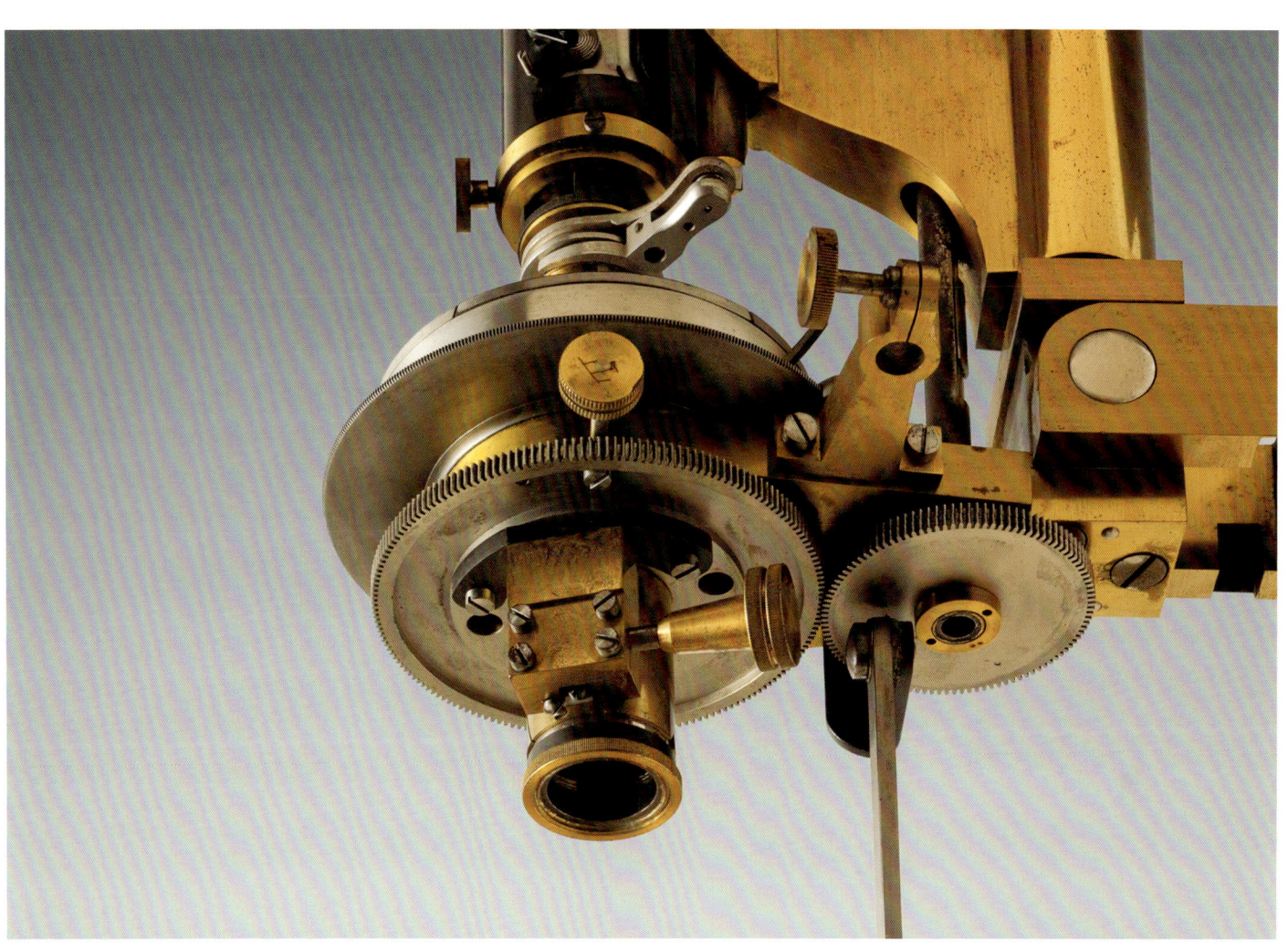

ライヘルト　単眼金属顕微鏡　オーストリア製　1918年
Compound microscope,
Reichert Metallurgical microscope, Austrian
2カ所のボールジョイントはレバーの軽い締め付けで固定される。また、ステージも自由な角度が可能。

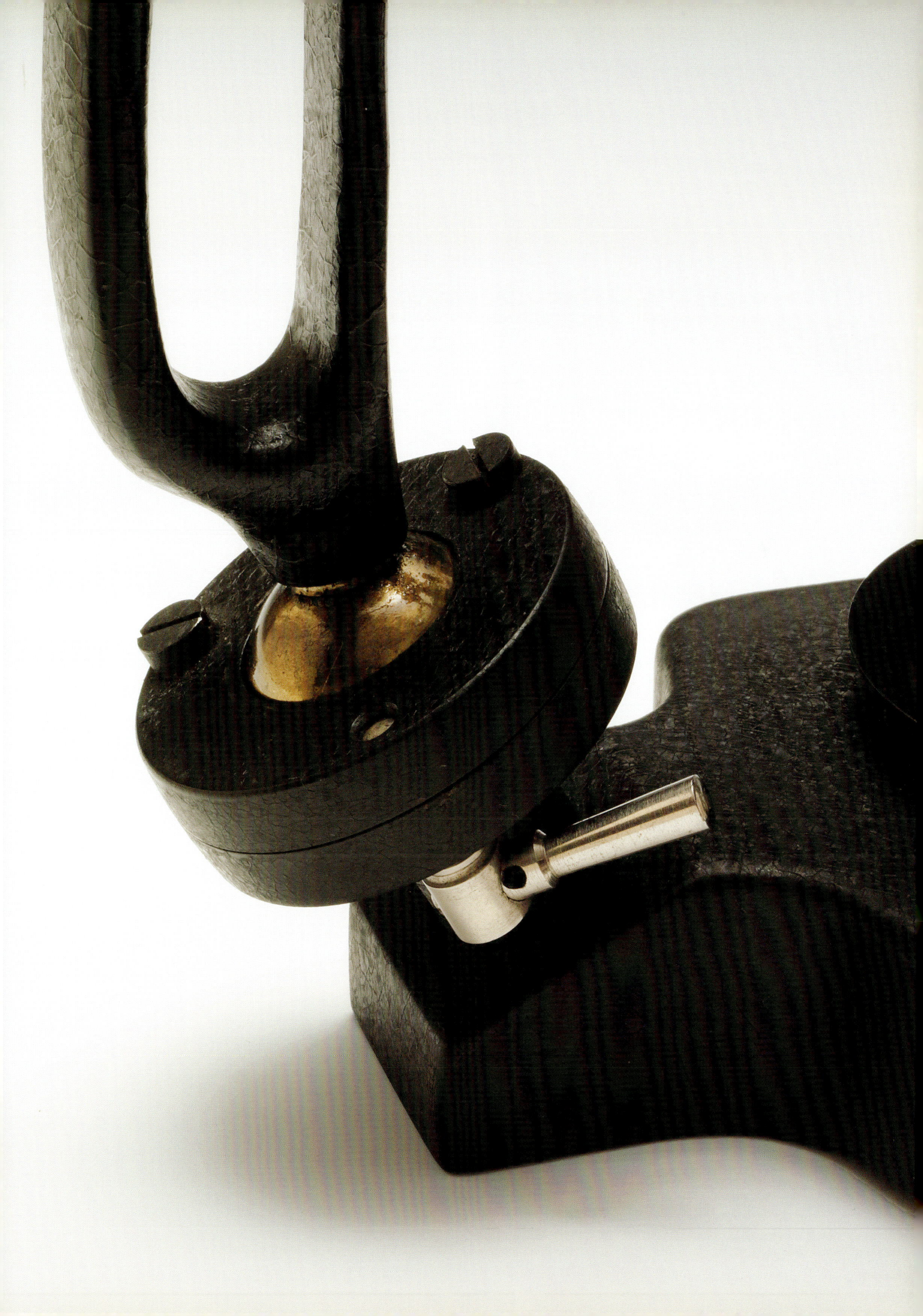

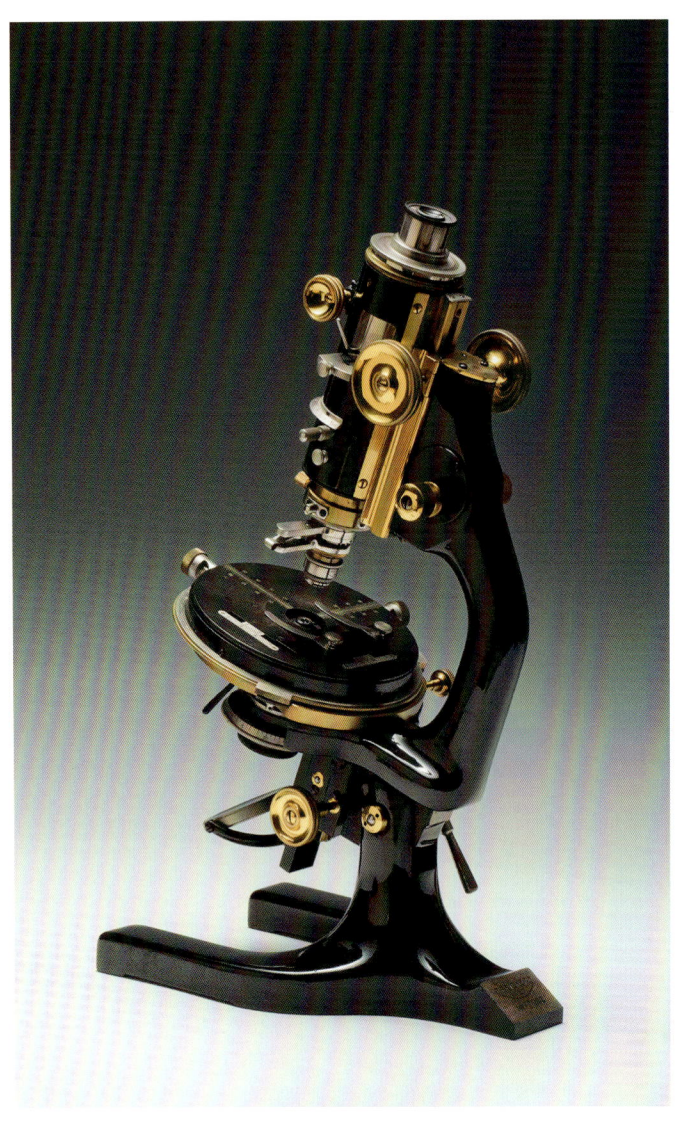

ライヘルト　U字型単眼偏光顕微鏡　オーストリア製　1925年
Compound microscope, Reichert Petrographical microscope, Austrian
岩手県花巻市の宮沢賢治記念館がほぼ同型を所蔵している。

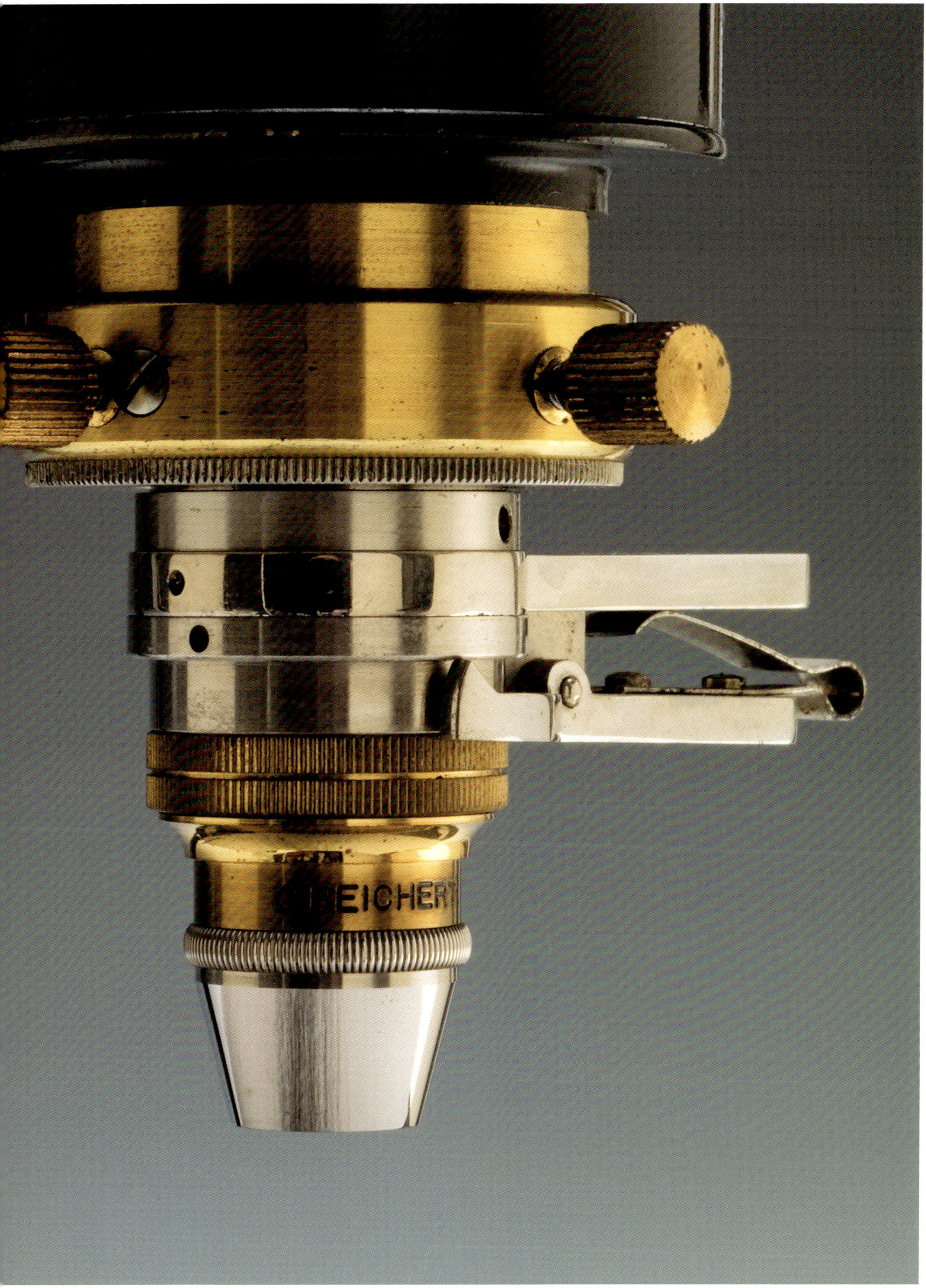
REICHERT

112                                    ハネノケコンデンサ

# 付属品類

ツァイス　カーボンアーク光源灯　1927～1940年
Arclamp, Zeiss micro clockwork Arc-Lamp　幅135×長さ255×高さ280ミリ

標本箱　日本製と思われる　1800年代　Slide cabinet　縦110×横183×高さ155ミリ

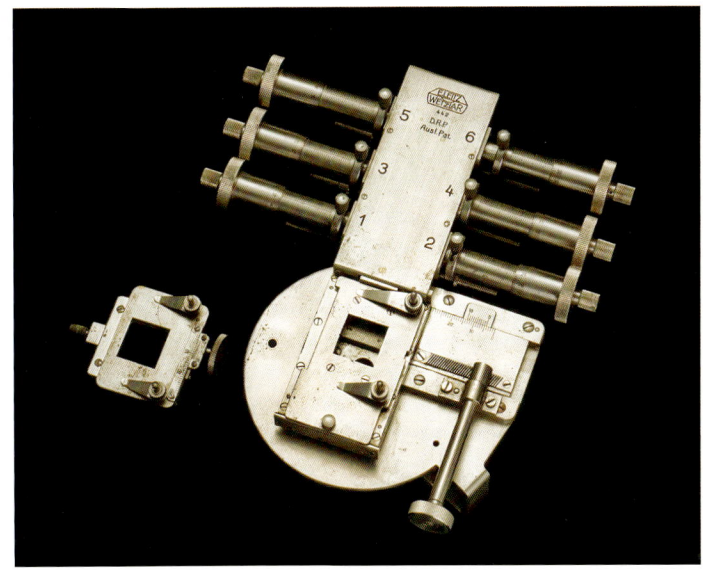

ライツ　積分求積計　1938年頃　Attachment, Leitz Integrating stage with 6 spindles with small supplementary　縦200×横189ミリ

ライツ　ユニバーサルステージ UT2　1950年代　Attachment, Leitz Universal rotating stage "UT2"　幅115ミリ　下段の直径94ミリ

ライツ　メカニカルステージ　ABMS, AS　1929年頃
Mechanical stage, Leitz, for microscope "ABMS" and "AS"
収納箱寸法　縦167×横190×高さ75ミリ　ステージ寸法　縦153×横145ミリ

ライツ　メカニカルステージ　CBMS, C, D, E　1929年
Mechanical stage, Leitz, for microscope "CBMS" and "C"," D" and "E"
収納箱寸法　縦140×横154×高さ60ミリ　ステージ寸法　縦120×横155ミリ

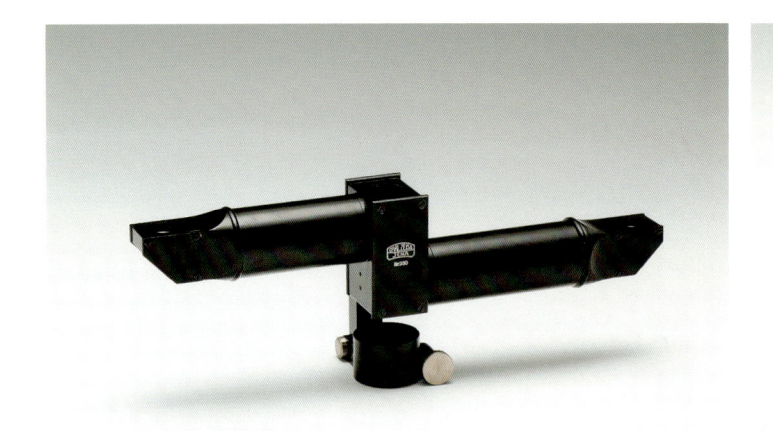

ツアイス　供覧装置　1927年頃
Attachment, Zeiss Double eyepiece　長さ230ミリ

ライツ　供覧装置　1929〜1938年
Attachment, Leitz "Double demonstration ocular"　長さ185ミリ

ライツ　対物レンズ 7（62×）及び その分解　1890〜1910年　Objective, Leitz "7"
右は3つのブロックに分解したところ。重ね方で倍率が変わる。

ウインケル・ツアイス　倍率切替え対物レンズ　1911〜1935年
Objective, Winkel-Zeiss　台座直径 30ミリ　高さ 33ミリ
倍率　5、11、15

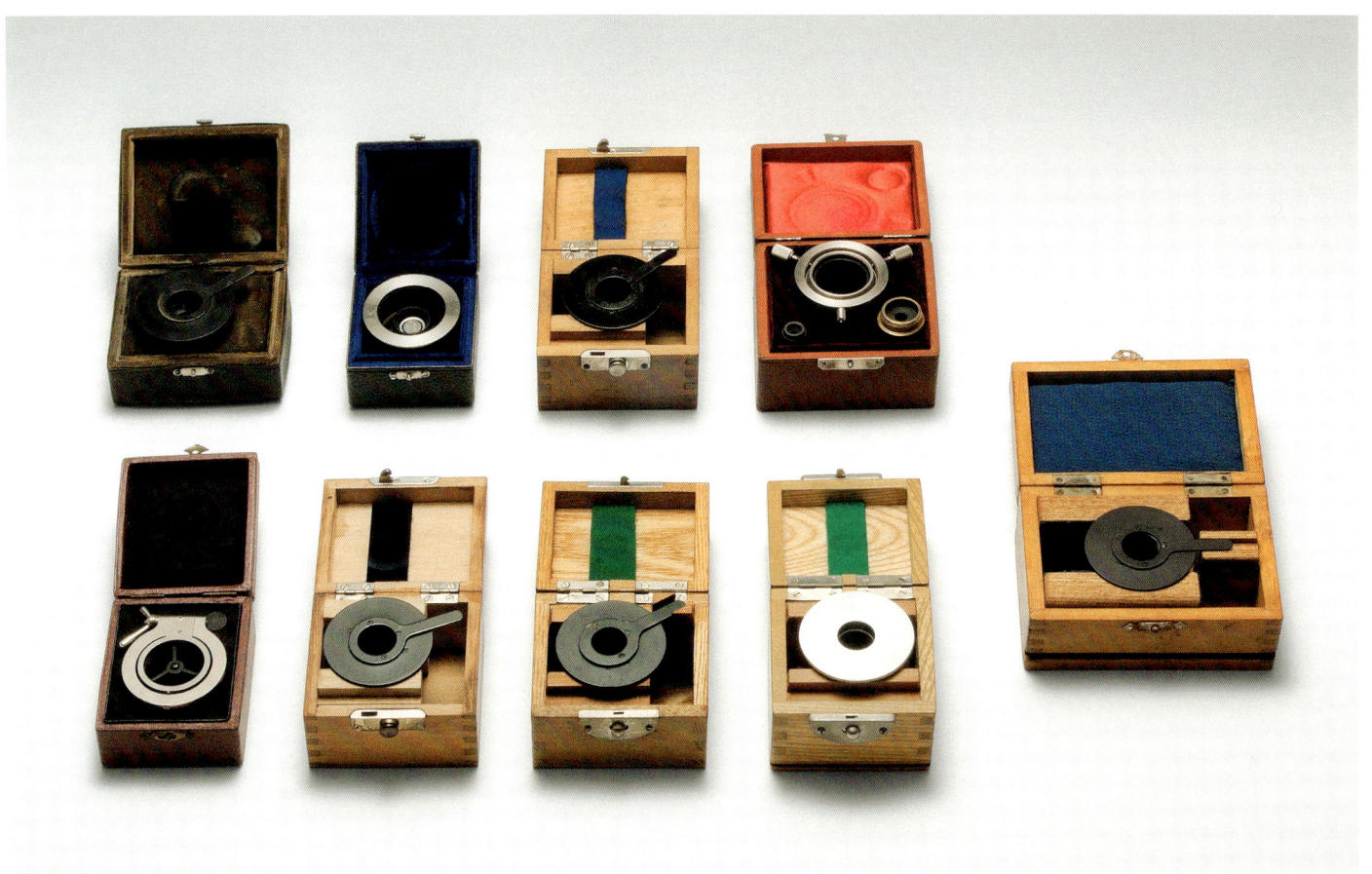

各社の暗視野コンデンサ　9個　1900〜1970年　Darkfield Condenser, Zeiss, Leitz, Reichert, Tiyoda, NIPPON KOGAKU, Nikon and SUMP
上段：左3個ツアイス、4番目ライツ。下段：左よりライヘルト、千代田、日本光学、ニコン。右端：スンプ。

ライヘルト　暗視野コンデンサ　1900〜1902年
Darkfield Condenser, Reichert

ツァイス　暗視野コンデンサ（2個）　1927〜1950年
Darkfield Condenser, Zeiss

ツァイス　接眼レンズ　1885〜1910年
Ocular, Zeiss　高さ 77 ミリ

オリンパス　偏光用対物レンズ　1935〜1950年
Objective, Olympus　長さ 63 ミリ

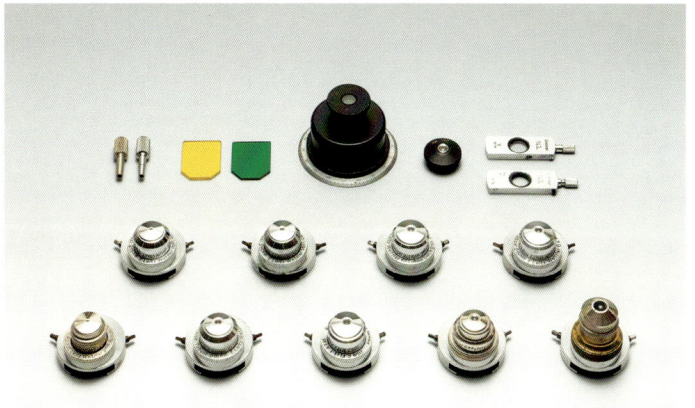

ツァイス　偏光用部品セット（ライツ対物2本を含む）　1920〜1940年
C.Zeiss & E.Leitz　収納箱寸法　縦 160 × 横 190 × 高さ 56 ミリ

**オブジェクトマーカー**　再度同じ位置を観察する時のために、プレパラートに○印を付けるもの。上段は先端がダイヤモンド、下段は左が朱肉用で右はシャチハタ

ウインケル　ツァイス　オブジェクトマーカー　1940〜1960年
Objective marker, Winkel-Zeiss
直径 24.5 ミリ　高さ 43 ミリ

ライツ　オブジェクトマーカー　1940〜1960年
Objective marker, Leitz
直径 23.3 ミリ　高さ 45.5 ミリ

エルマ　オブジェクトマーカー（マルキル　アパラート）
1940〜1960年　Objective marker, ERMA
直径 24 ミリ　高さ 42.4 ミリ

左）エルマ　オブジェクトマーカー
1940〜1960年　Objective marker, ERMA
左　直径 23 ミリ　高さ 37 ミリ
右　直径 23 ミリ　高さ 33 ミリ
マーキング　内径　各 3 ミリ

右）日本光学　オブジェクトマーカー
1940〜1960年　Objective marker, Nikon
直径 28 ミリ　高さ 47 ミリ
マーキング　内径 2 ミリ

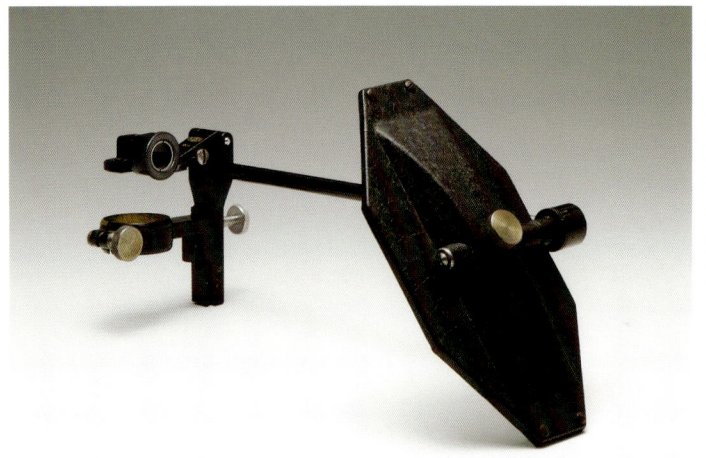

アッベ氏描画装置（ミラータイプ） オリンパス 1860～1870年代 の複製
Camera Lucida, Olympus, Abbe-type, Replica,　1938年当時の価格は75円であった。

ツァイス　描画装置　1960年代
Camera Lucida, Zeiss　長さ240×高さ98ミリ

高千穂製作所　オリンパス写真撮影装置　PM Ⅲ　1938年
Attachment, Eyepiece camera with viewing attachment, Olympus "PM Ⅲ"
乾板大名刺判（60×90ミリ）　高さ166ミリ　1938年当時の価格は210円であった。

オリンパス　顕微鏡写真撮影装置　PM-5　1951～1955年
Attachment, Microscope camera with viewing attachment, Olympus "MP5"

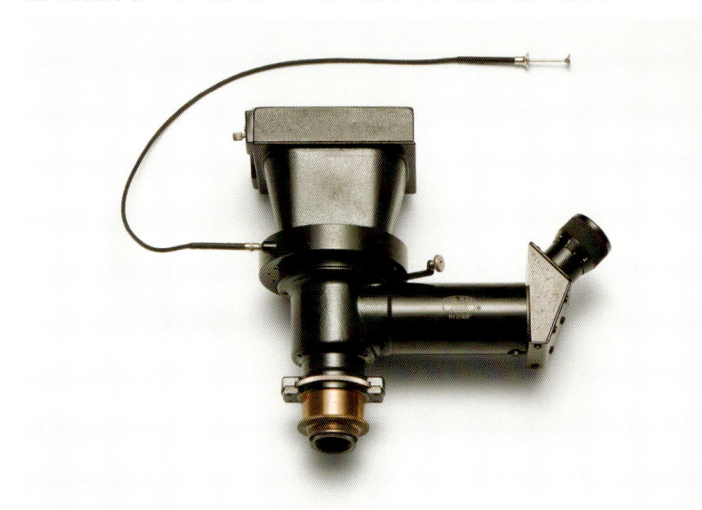

ツァイス　写真撮影装置　Phoku　1927年頃
Attachment, Zeiss "Phoku" Photographic Eyepiece　高さ170×幅197ミリ

ライツ　トランス　1940年代
Transformer, Leitz　縦95×横270×高さ130ミリ

顕微鏡収納箱の鍵　左：ツァイス　Key, Zeiss　中：ライヘルト　Key, Reichert　右：ライツ　Key, Leitz

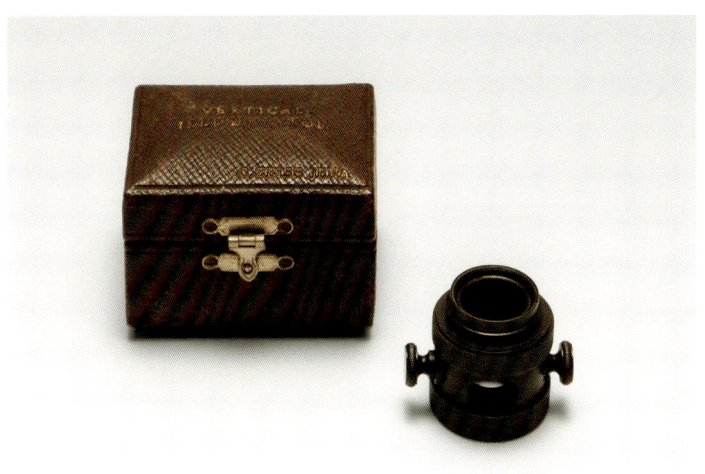

ツァイス　落射照明装置　1927年頃
Attachment, Zeiss, Vertical illuminator　直径 26 ミリ　高さ 28 ミリ

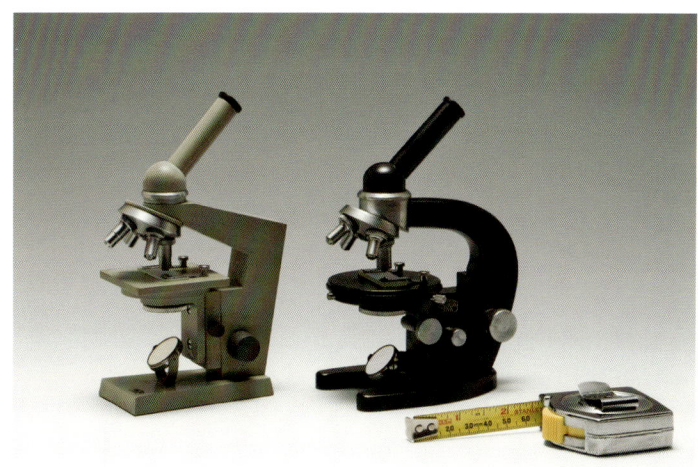

ツァイス　ミニチュア顕微鏡2種　左：1955年頃　右：1930年
Compound microscope, Zeiss, Miniature microscope　左：高さ 155 ミリ　右：高さ 150 ミリ

ツァイス　カバーグラス厚み測定器（ガラス計）　1940～1960年
Cover-glass Gauge, Zeiss　幅 65 × 長さ 160 × 高さ 74 ミリ

日本光学　二重ビンとセダーオイル　1950年頃　Double Bottle and Cedar oil,
NIPPON KOGAKU　二重ビン：高さ 70 ミリ　セダーオイル：高さ 51.5 ミリ

ライツ　位相差用対物レンズ　断面　1960～1970年
Objective, Leitz Phase objective

オリンパス　対物レンズ　断面　1970年代　Objective, OLYMPUS
左よりアクロマート 10×　プランアクロマート 10×　アクロマート HI 100×　プランアクロマート HI 100×。

左：ツァイス　傾斜鏡筒　1950～1960年
Attachment, Zeiss Inclined tube

右：ツァイス　双眼鏡筒　1900～1920年
Attachment, Zeiss Binocular tube
立体視円板付き　高さ 200 ミリ　幅 110 ミリ

# 関連資料

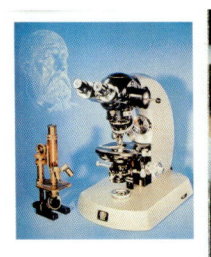

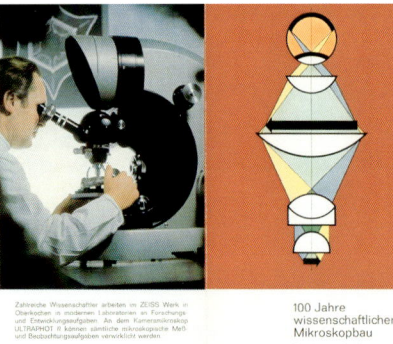

1・2・3 エルンスト・アッベによる顕微鏡光学系の理論確立100周年
記念のパンフレット裏表と封筒
4 カールツァイス創立110周年記念カード。エルンスト・アッベ、カール・
ツァイス、ツァイスイエナ工場の切手
5 ツァイス顕微鏡を1924年に日本に送った
時の税関告知書
6 第1回 野口英世 アフリカ賞記念切手
7 中谷宇吉郎・物理学者
生誕100年記念切手
8 北里柴三郎・細菌学者
生誕150年記念切手
9 アントニ・ファン・レーヴェンフック
10 ロベルト・コッホ

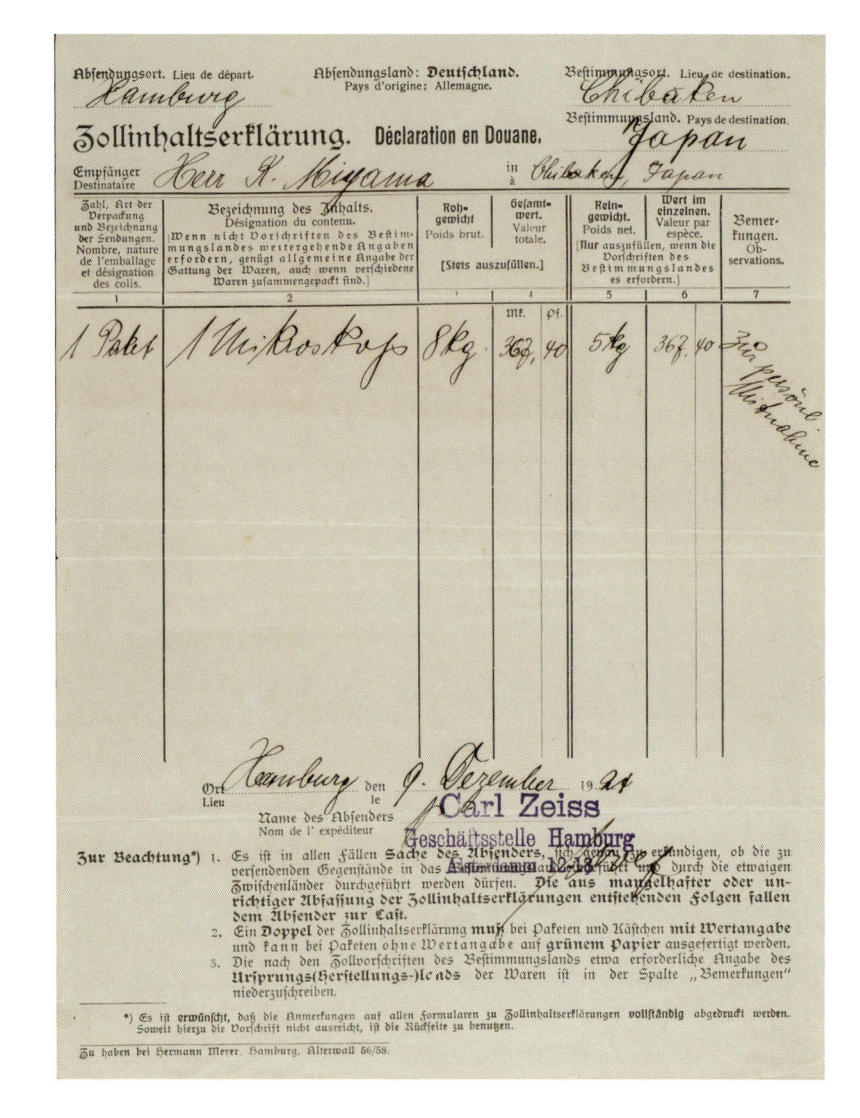

| 1 | 2 |   |   |   |
|---|---|---|---|---|
| 3 |   |   |   |   |
| 4 | 5 |   |   |   |
| 6 | 7 | 8 | 9 | 10 |

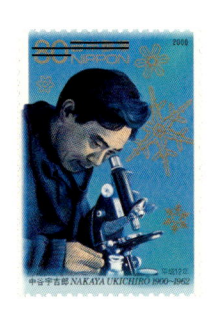

## 写真解説
# Notes on the Photographes

冒頭の数字は、ページを示します。

**4-5**／レーヴェンフック顕微鏡　レプリカ
Simple microscope, Leeuwenhoek, Replica　Antony Van Leeuwenhoek（1632〜1723）　製作年：1670年頃
オランダのレーヴェンフックが、1670年頃に小さなガラス玉レンズを挟んだ顕微鏡を発明。初期型レーヴェンフック顕微鏡のレプリカ。針に差した虫などをネジで位置と焦点を調節し、反対側から眼をぎりぎりに近付けて観察する。本体：幅30×長さ58ミリ　ネジを含めた長さ78ミリ

**9**／筒型単眼顕微鏡　無銘　イギリス製と思われる
Drum microscope, unsigned, English
製作年：1840〜1875年
刻印無し　絞り無し　高さ：約185ミリ

**10-11**／カルペパー型木製単眼顕微鏡　無銘　レプリカ
Compound microscope, Culpeper-type, unsigned, Replica　製作年：1800年代
カルペパー型（Culpeper）はイギリスで1725年より作られたが、日本には1770年代に入って来た。これは、1980年頃に複製されたもの。大きさ／台の直径45×高さ400ミリ　重さ700g

**12**／メルツ　丸台型単眼顕微鏡　ドイツ製
Compound microscope, G.&Y. Merz, German
G and S Merz, Munich, Germany./ Georg Merz（1793〜1867）
製作年：1858〜1869年
刻印：G. & Y. Merz in Muenchen No.1177
ハネノケ式1つ穴プレート絞り。ステージ下のつまみは微動装置で、右側面の板バネがヒンジとなってV字型に開く。高さ：約275ミリ

**13**／筒型単眼顕微鏡　無銘　イギリス製と思われる
Drum microscope, unsigned, English
製作年：1857〜1870年
刻印無し　粗動装置のみ、反射観察用集光レンズ付き、絞り無し　高さ：約260ミリ

**14-15**／筒型単眼顕微鏡　ジョージ・オーベルハウザー製と思われる　フランス製
Drum microscope, unsigned, French　George Oberhaeuser, Place Dauphine 19, Paris
製作年：1830〜1857年
先端の黒い対物レンズを外すと低倍で見ることが出来る。

*16*／筒型単眼顕微鏡　本体はフランス製と思われる
Drum microscope, unsigned, French
製作年：1875年頃
高さ：約170ミリ

*17*／丸台型単眼顕微鏡　無銘　フランス製と思われる
Compound microscope, unsigned, French
製作年：1880年代
刻印無し　粗動、微動装置無し　高さ：約245ミリ

*18*／3本足小型単眼顕微鏡　無銘　イギリス製
Compound microscope, unsigned, English
製作年：1870～1890年
刻印無し　反射観察用集光レンズ付き　コンデンサ無し　3本足の顕微鏡はイギリス特有のデザインであることから、British standと呼ばれる　高さ：約170ミリ

*19*／U字型単眼顕微鏡　無銘　フランス製と思われる
Compound microscope, unsigned, French
製作年：1865～1880年代
刻印無し　反射観察用集光レンズ付き
高さ：約230ミリ

*20*／デニス・ロック　V字型双眼顕微鏡　イギリス製
Compound microscope, Dennis Rock, Wenham binocular, English
製作年：1880～1890年
刻印：D.DENNIS ROCK & Co.,LONDON　2本の鏡筒のうち1本は真直ぐ、もう1本はプリズムで斜めに屈折させている。ステージは複式十字動する。
高さ：約450ミリ

*21*／ライツ　U字型単眼顕微鏡　Ⅰa　ドイツ製
Compound microscope, Leitz "Ⅰa", German
製作年：1887年　刻印：E. LEITZ Wetzlar No. 10622　3穴花レボルバ、鏡筒の傾き可能、粗動つまみ1個破損、傘型微動装置、コンデンサ＋絞り板5枚、ウオームギヤで斜光照明可能、ミラーホルダ、絞り板載せ板、対物：3、5、7、IX Emmersion 接眼：6　また、福島県猪苗代町の野口英世記念館がほぼ同型の"Ⅰb"を所蔵している　高さ：約315ミリ

*22-25*／ベック　双眼顕微鏡　イギリス製
Compound microscope, R&J Beck, Wenham binocular, English　製作年：1866年
刻印：R & J. BECK 4972 LONDON　3穴円板絞り　暗視野コンデンサと交換可。リーベルキューン鏡付き　安価で普及型のため広く親しまれた。鏡筒の構造はデニス・ロックと同じ。1875年英国の海洋調査団がチャレンジャー号で来航したとき、この顕微鏡を積んでいて瀬戸内海でプランクトンの調査をした。東京帝国大学のモース教授もこの顕微鏡を使用。畳んだ大きさ：長さ375×幅125×高さ150ミリ　組立て角度：約 0、37、47、55、65、90°　高さ：55°の場合約370ミリ

*26*／ロス　V字型単眼顕微鏡　イギリス製
Compound microscope, Ross, English
製作年：1870～1890年　刻印：ROSS, London, 3665　3穴円板絞り　ステージは複式十字動　集光レンズ付属　収納時は鏡筒を取り外す　鏡筒部傾斜可能　高さ：約460ミリ

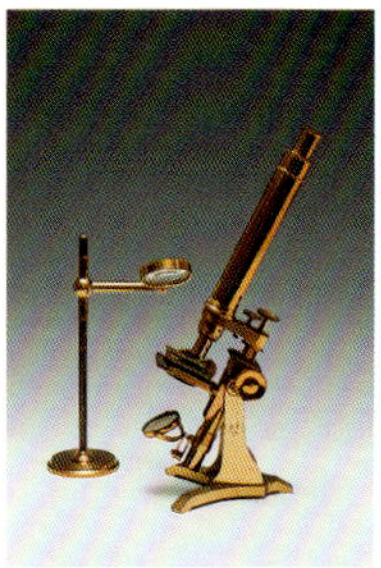

*27*／V字型単眼顕微鏡　無銘　イギリス製と思われる
Compound microscope, unsigned, English
製作年：1870～1890年
刻印無し　ステージがスプリングで上下し、押さえ羽根でプレパラートを挟む構造。微動装置無し　鏡筒部傾斜可能　高さ：約375ミリ

*28*／ツァイス　U字型単眼顕微鏡　ドイツ製
Compound microscope, Zeiss, German
製作年：1887年
刻印：C. ZEISS JENA 11708　2穴レボルバ、粗動装置無し、傘型微動装置付き、絞り：交換式4枚、対物：DD、S3 接眼：1、2　手前にあるのは交換式の絞り　高さ：約320ミリ

*28*／ウインケル　U字型単眼顕微鏡　ドイツ製
Compound microscope, Winkel, German
Rudolf Winkel, Göttingen, Germany/Rudolf Winkel（1827～1905）
製作年：1889年
刻印：1295　R.Winkel Göttingen　傾斜鏡筒付き（接眼レンズに被せる）コンデンサは上下動するが絞りは無い　高さ：約305ミリ

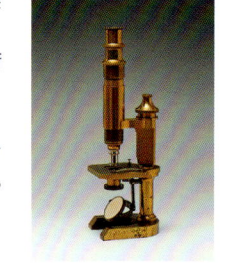

*29*／丸台型小型単眼顕微鏡　無銘　イギリス製と思われる
Compound microscope, unsigned, English
製作年：1880～1900年
刻印無し　絞り無し　高さ：約163ミリ

**29**／ライツ　U字型単眼顕微鏡　Ⅳ　ドイツ製
Compound microscope, Leitz "Stand Ⅳ",
German　製作年：1896年
刻印：E. Leitz Wetzlar No.39419　木製収納箱
の中に対物レンズ収納箱。箱のフタに押し印 Ernst
Leitz Wetzlar　対物レンズ：1、7、5穴円板絞り
1929年当時の価格は対物レンズ 3（10×）、7（62×）
付きで104円80銭であった　高さ：約300ミリ

**30**／U字型単眼顕微鏡　無銘　アメリカ製と思
われる
Compound microscope, unsigned, American
製作年：1890～1919年
刻印無し　高さ：約280ミリ

**31**／U字型単眼顕微鏡　無銘　フランス製と思
われる
Compound microscope, unsighed, French
製作年：1910年代
刻印無し　反射観察用集光レンズ付き、微動装
置なし、コンデンサレンズなし、円板絞りなし　高さ：
約300ミリ

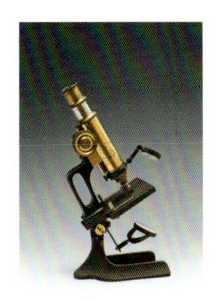

**32-33**／ロス　丸台型単眼顕微鏡　イギリス製
Compound microscope, Ross, English
製作年：1880～1900年
刻印：ROSS LONDON ECLIPSE　初期型2穴レ
ボルバ、コンデンサ欠落　高さ：約320ミリ

**34-35**／ライヘルト　U字型単眼顕微鏡　Ⅳ
オーストリア製
Compound microscope, Reichert "Stand Ⅳ",
Austrian　製作年：1898年
刻印：C.REICHRT WIEN No.19996　5穴円板絞
り。また、福島県猪苗代町の野口英世記念館が同
型を所蔵している。高さ：約270ミリ

**36**／ライツ　U字型単眼顕微鏡　Ⅴ　ドイツ製
Compound microscope, Leitz Stand "Ⅴ",
German　製作年：1907年
刻印：E. Leitz Wetzlar No.100113　パンタグラフ
式傘型微動装置のみ、5穴円板絞り、対物：3（10×）、
7（62×）、接眼：5×、10×、1929年当時の価格
は対物レンズ 3（10×）、7（62×）付きで96円80
銭であった。また、石川県加賀市 中谷宇吉郎 雪
の科学館が同型を所蔵している。高さ：約295ミリ

**37**／バルドウ　U字型単眼顕微鏡　フランス製
Compound microscope, A. Bardou, French
製作年：1890～1910年
刻印：A.BARDOU PARIS　接眼レンズ欠落　絞
り欠落　高さ：約260ミリ　接眼部内径：21.2ミリ

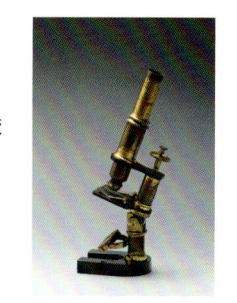

**38**／ウインケル　U字型単眼顕微鏡（供覧可能）
ドイツ製
Compound microscope, Winkel, German
製作年：1910～1930年
刻印：R. WINKEL GÖTTINGEN Nr.20761
粗動、微動装置無し、コンデンサ無し　対物：1本
でA、B、C、接眼：3　上下を取り外すと供覧顕
微鏡として使用出来る。高さ：約315ミリ（供覧の
場合　高さ：約240ミリ）

**38**／ツァイス　実習用単眼顕微鏡　ドイツ製
Compound microscope, Zeiss, German
製作年：1922年
刻印：CARL ZEISS JENA Nr.93161　微動装置
は対物レンズの付け根にある。コンデンサ絞り無し
ミラーは凸レンズ。高さ：約300ミリ

**39**／ライツ　U字型単眼偏光顕微鏡　ドイツ製
Compound microscope, Leitz Petrographical
microscope, German
製作年：1918年
刻印：Leitz Wetzlar No.190391　回転ステージ
ハネノケコンデンサ付き　コンデンサと接眼の位置に
方解石を使用　対物：3（10×）M73　接眼：3　高
さ：約340ミリ

**39**／ライツ　U字型単眼顕微鏡　J　ドイツ製
Compound microscope, Leitz "J", German
製作年：1922年
刻印：Ernst Leitz Wetzlar No.212431　微動装
置のみ、5穴円板絞り、対物：3（10×）、7（62×）、
接眼：1、3、高さ：約295ミリ

**39**／ライツ　U字型単眼顕微鏡　Ⅲ　ドイツ製
Compound microscope, Leitz Stand "Ⅲ",
German　製作年：1924年
刻印：Ernst Leitz Wetzlar No.222471　傘型微
動装置のみ、5穴円板絞り、対物：3（10×）、接
眼：2、高さ：約305ミリ

*39*／ライツ　U字型単眼顕微鏡　Ⅲ　ドイツ製
Compound microscope, Leitz Stand "Ⅲ", German　製作年：1925年
刻印：Ernst Leitz Wetzlar No.223591　3穴レボルバ付き　5穴円板絞り付き　対物：3、7、8、接眼：2、　高さ：約320ミリ

*40*／ライツ　U字型単眼顕微鏡　O　ドイツ製
Compound microscope, Leitz Stand "O", German　製作年：1920年
刻印：Ernst Leitz Wetzlar No.200117　5穴円板絞り。レボルバが開発されるまで、対物レンズの下にレンズを加えて倍率を変更するなど工夫をしていた。

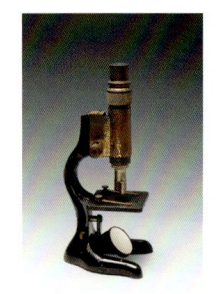

*51, 62-63*／ツァイス　V字型双眼顕微鏡　DSB　ドイツ製
Compound microscope, Zeiss Binocular microscope "DSB", German
製作年：1925～1930年
刻印：CARL ZEISS JENA Nr.221856　回転ステージ刻印：CARL ZEISS JENA Nr.28849　複式十字動装置付き、4穴レボルバ付き　高さ：約345ミリ

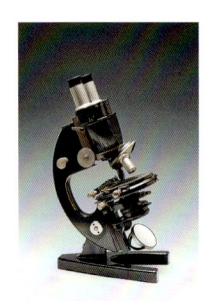

*52*／ツァイス　U字型単眼顕微鏡　Ⅰa
ドイツ製
Compound microscope, Zeiss Stand "Ⅰa", German　製作年：1900年
刻印：Carl Zeiss Jena No.35321　粗動、微動装置付き、花レボルバ、回転ステージ：No.2021　複式十字動　東京都港区白金　学校法人北里研究所北里柴三郎記念室が同型を所蔵している。高さ：約350ミリ

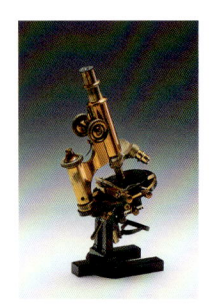

*53*／ツァイス　U字型単眼顕微鏡　Ⅵa
ドイツ製
Compound microscope, Zeiss Stand "Ⅵa", German　製作年：1903年
刻印：Carl Zeiss Jena No.41515　粗動、傘型微動装置付き、4穴レボルバは後から取付けたもの、鏡筒傾斜可能。収納トランク付き　高さ：約310ミリ

*54-55*／ツァイス　U字型単眼顕微鏡　Ⅰ
ドイツ製
Compound microscope, Zeiss Stand "Ⅰ", German　製作年：1909年頃
刻印：CARL ZEISS JENA Nr.50827　鏡筒傾斜可、3穴レボルバ、回転ステージ、複式十字動装置付き　コンデンサ絞りはウオームギアで斜光照明が可能。ジャグハンドル顕微鏡（Jug-handle style）高さ：約340ミリ

*56-58*／ライツ　ユニバーサル顕微鏡セット　UNMIC　ドイツ製
Compound microscope, Leitz Universal microscope "UNMIC", German
製作年：1919年
刻印：Ernst Leitz Wetzlar No.198231　回転ステージ、4種類のコンデンサ　単眼、双眼、偏光の鏡筒が取付けられる　高さ：約370ミリ

*59*／スペンサー　U字型単眼顕微鏡　アメリカ製
Compound microscope, Spencer, American
製作年：1900～1929年
刻印：SPENCER LENZ CO.Buffalo. N.Y. 29694　3穴レボルバ付き、コンデンサの絞りは特殊な形状で常に真円。ジャグハンドル顕微鏡（Jug-handle style）　高さ：約330ミリ

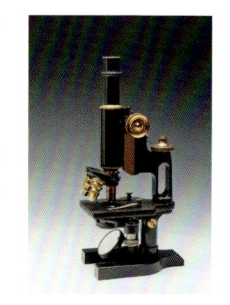

*59*／ライツ　U字型単眼顕微鏡　Ⅱa　ドイツ製
Compound microscope, Leitz "Ⅱa", German
製作年：1909年
刻印：E. Leitz Wetzlar No.117739　2穴レボルバ付き、鏡筒の傾き可能、絞りは1穴のみであるが上下動装置あり、傘型微動装置、対物：3（10×）、7（62×）、接眼：1、3、高さ：約315ミリ

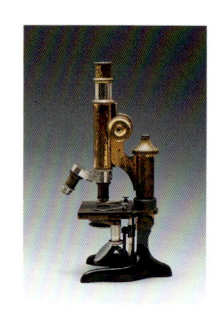

*59*／ベーカー　3本足単眼顕微鏡　イギリス製
Compound microscope, Charles Baker, English　Baker, C. London, England（1855～1959）/Charles Baker（1820～1894）
製作年：1920～1930年代
刻印：C.BAKER LONDON PATENT APPLIED FOR　2穴レボルバ付き　4穴円板絞り（コンデンサレンズ無し）　鏡基を傾けられる。3本足の顕微鏡はイギリス特有のデザインであることから、British Stand と呼ばれる。高さ：約340ミリ

*59*／ライヘルト　U字型単眼顕微鏡　オーストリア製
Compound microscope, Reichert, Austrian
製作年：1929年
刻印：REICHERT AUSTRIA No.96973　3穴レボルバ、円形ステージ（回転せず）、コンデンサ付き、粗動微動装置付き　対物 8a、3（10×）　接眼 Ⅱ　高さ：約315ミリ

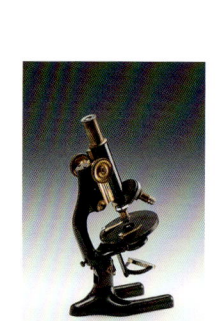

*60-61*／ライツ　U字型単眼・双眼顕微鏡　AMB-R　ドイツ製
Compound microscope, Leitz "AMB-R", German　製作年：1930年
刻印：E.LEITZ WETZLAR D.R.P No.287965　単眼と双眼の交換が出来る。D.R.P はドイツ特許の略　鏡筒傾斜可、4穴レボルバ、回転ステージ、複式十字動装置付き、　高さ：約325ミリ

**64-65／ライツ　U字型実体顕微鏡　BMC**
ドイツ製
Stereo Microscope, Leitz Special stand "BMC", German　製作年：1930年
刻印：E. LEITZ WETZLAR 297788　左右が独立した光学系グリノータイプのため観察像のステレオ感が優れている。対物：7×　接眼：G8×　高さ：約320ミリ

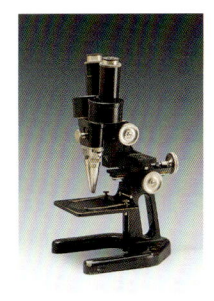

**66／スウィフト　3本足単眼顕微鏡　イギリス製**
Compound microscope, Swift & Son, English
製作年：1920〜1930年
刻印：J. SWIFT & SON LONDON　3本足の顕微鏡はイギリス特有のデザイン。また3穴レボルバは後から取付けた可能性がある。ステージ上に1ミリ目盛り　高さ：約340ミリ

**71／カルペパー型木製単眼顕微鏡　無銘**
レプリカ
Compound microscope, Culpeper-type, unsigned, Replica　製作年：1800年代
新潟県家田家所蔵のものを1975年頃複製。カルペパー型なのに2本足なのはスケッチを見て作られた可能性があり、構造的に不安定。接眼レンズキャップ、ミラーキャップ付き。幅：272ミリ　高さ：約540ミリ

**72-73／カルペパー型木製単眼顕微鏡　無銘**
日本製
Compound microscope, Culpeper-type, unsigned, Japanese　製作年：1800年代
大分県竹田市で浜野太郎氏入手。カルペパー型であるが上段は2本足のため不安定な構造。鏡筒は真ちゅう製　対物レンズ：大（高倍）、中（中倍）、小（低倍）、接眼レンズキャップ付き。直径：134ミリ　高さ：約345ミリ　収納箱付き

**74／エム・カテラ　U字型単眼顕微鏡　Ⅳ型**
日本製　Compound microscope, M&KATERA "Ⅳ", Japanese　製作年：1914〜1926年
刻印：M.& KATERA TOKYO No.184　5穴円板絞り。ライツⅣ型のコピー製品。松本福松（発売者）、加藤嘉吉（製造者代表）、寺田新太郎（媒介者）の頭文字。1914年（大正3年）日本初生産。1920年当時の価格は、対物、接眼レンズの組み合わせにより64円50銭〜118円50銭であった　高さ：約260ミリ

**74／エム・カテラ　U字型単眼顕微鏡　V型**
日本製
Compound microscope, M&KATERA "V", Japanese　製作年：1914〜1926年
刻印：M.& Katera Tokyo No.1483　5穴円板絞り。ライツV型のコピー製品。1920年当時の価格は、対物、接眼レンズの組み合わせにより53円50銭〜71円50銭であった　高さ：約300ミリ

**75／オリンパス　U字初期型単眼顕微鏡　日本製**
Compound microscope, Olympus, Japanese
製作年：1920年代
刻印：Olympus　円板絞り無し　高さ：約320ミリ

**75／カルニュー　U字型単眼顕微鏡　日本製**
Compound microscope, Kalnew, Japanese
製作年：1926〜1938年
刻印：KalneW TOKYO No.12437
カルニューは1924（大正13年）に発売された。カルニュー光学は、後に島津製作所の子会社になる。5つ穴円板絞り　高さ：約290ミリ

**76／エム・カテラ　解剖顕微鏡　日本製**
Dissecting microscope, M & KATERA, Japanese
製作年：1920年代
刻印：M & KATERA TOKYO No.21288
レンズ：10×、20×　両肘を乗せ、観察しながらピンセットとメスを持って操作する。1920年当時の価格は、48円であった　高さ：約140ミリ、幅：228ミリ

**77／日本光学　U字型単眼顕微鏡　JOICO**
日本製
Compound microscope, "JOICO", Japanese
製作年：1925〜1934年頃
刻印：JOICO Nr.1966　日本光学は1923年頃のカタログに「VICTOR 2号」が掲載されている。次にドイツ人技師アハト設計の対物レンズを使用して1925年「JOICO」を発売した。ツァイスのコピー製品。3穴レボルバ付き　コンデンサ絞り羽根：13枚　高さ：約310ミリ

**78／千代田　Y字型単眼携帯顕微鏡　MKQ**
日本製
Compound microscope, Tiyoda Traveling microscope "MKQ", Japanese　製作年：1930年代　刻印：TIYODA TOKYO No.31807　3穴レボルバ、コンデンサレンズ付き、複式十字動装置付属、鏡筒部傾斜可能　対物：10×、40×、90×　接眼：5×、10×、15×　本体収納時／横165×幅72×高さ267ミリ　組立て時／高さ：約280ミリ　木製収納箱と布ケース込みの重さ：4600g

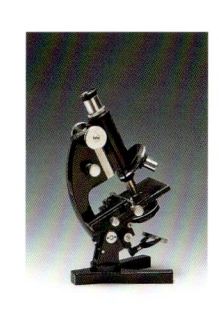

**79／千代田　3本足単眼携帯顕微鏡　MKR**
日本製
Compound microscope, Tiyoda Traveling microscope "MKR", Japanese　製作年：1942年
刻印：TIYODA TOKYO No.8886　複式十字動装置付き　3穴レボルバ付き　コンデンサ付き　ゴム印　1942年（昭和17）2月　収納箱寸法：縦186×横242×高さ119ミリ　重さ収納箱込み：4330g　本体高さ：約320ミリ

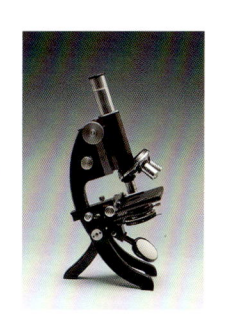

*80*／ニコン 携帯顕微鏡 H型 日本製
Compound microscope, Nikon portable model "H", Japanese
製作年：1958～1979年
プレート：NIKON JAPAN 44202 カメラに似た形態をしているがフィルムは内蔵されない。側面のレバーを回すと対物レンズが4×、10×、40×に切り替わる 高さ：110ミリ 幅：140ミリ 重さ：800g

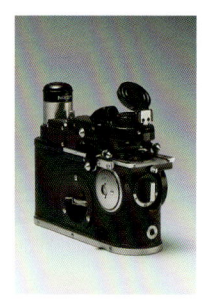

*83, 94-95*／ライヘルト V字型単眼携帯顕微鏡 Heimdal オーストリア製 Compound microscope, Reichert Traveling microscope "Heimdal", Austrian 製作年：1926～1927年
刻印：REICHERT AUSTRIA No.86340 "Heimdal" 非常に美しくコンパクトに折畳まれる。2穴レボルバ付き 対物：3×、8×、60× 接眼：5×、13× 本体／収納時：横120×幅46×高さ155ミリ 組立て時：高さ約260ミリ 金属ケース寸法：縦165×横135×厚さ54ミリ 金属ケースと皮ケース込みの重さ：1950g

*84-85*／ライヘルト V字型単眼携帯顕微鏡 オーストリア製
Compound microscope, Reichert Traveling microscope, Austrian 製作年：1896年
刻印：C. REICHERT WIEN Ⅷ. Bennogasse 26. No.14219 粗動、パンタグラフ式微動装置付き、絞り 交換式2枚 対物：No. 3、7a 接眼：1、2 高さ：約280ミリ 折畳み時寸法／縦95×横60×高さ220ミリ

*86*／ライツ V字型単眼携帯顕微鏡 ドイツ製
Compound microscope, Leitz "Large Traveling microscope", German 製作年：1909年
刻印：E. Leitz Wetzlar No.122903 2穴レボルバ付き コンデンサ付き 鏡筒部傾斜可能 高さ：約330ミリ

*87*／ツァイス 単眼供覧顕微鏡 ドイツ製
Compound microscope, Zeiss Demonstration microscope, German
製作年：1895～1926年
刻印：Carl Zeiss Jena 教室など十分な数の顕微鏡が無くても、人が手に持って観察することが出来る。日本では供覧顕微鏡というが英語では demonstration microscope 又は hand microscope という。長さ：約210ミリ

*87*／ライツ 懐中顕微鏡 ドイツ製
Simple microscope, Leitz "Simple Pocket microscope", German
製作年：1920年代 収納箱の印字：TASCHENMIKROSCOP E. LEITZ WETZLAR 40×、80×、120× 両側のつまみを押して幅12ミリのプレパラートを差し込み、離すと固定する。スライドグラス：12×37ミリ 箱の寸法：縦50×横81.5×高さ44ミリ 本体の寸法／直径26.3ミリ、高さ約38ミリ、箱を含めた1セットの重さ：138g 本体の重さ：39g

*88*／クラウゼ 単眼供覧顕微鏡 アメリカ製
Compound microscope, Bausch & Lomb Demonstration microscope, American
製作年：1880～1925年
刻印：KRAUSS. BAUSCH & ROMB PARIS - ROCHESTER. N.Y. U.S.A. - TOKYO - ST.PETERSBOURG 絞り無し 高さ：約215ミリ

*89*／ライツ 単眼供覧顕微鏡 DEM ドイツ製
Compound microscope, Leitz Demonstration microscope "DEM", German 製作年：1930年
刻印：Ernst Leitz Wetzlar 1930年当時の価格は62円40銭であった。

*90*／ヘンソルト 筒型単眼携帯顕微鏡 Tami ドイツ製
Compound microscope, Hensoldt Traveling microscope "Tami", German Hensoldt, Wetzlar, Germany. /Founded originally by H Moritz（1821～1903）
製作年：1920～1928年
刻印：HENSOLDT WETZLAR Germany 2842 ミラーは固定 ケースの寸法／直径：47ミリ 高さ：105ミリ 本体／直径：47ミリ 高さ：120ミリ

*91*／ヘンソルト 筒型単眼携帯顕微鏡 Protami ドイツ製 Compound microscope, Hensoldt Traveling microscope "Protami", German
製作年：1925～1934年 刻印：HENSOLDT WETZLAR Protami D.R.P 3617 Vergr. 40～1200 3穴レボルバ付き コンデンサ絞り付き 資料ケースをステージ下に収納、底には顕微鏡固定用のネジ穴がある D.R.Pはドイツ特許 Vergr. は拡大の略字 ケースの寸法／直径：72ミリ 高さ：175ミリ 本体／直径：72ミリ 高さ／収納時：165ミリ 使用時：約210ミリ

*92*／ゲオルク クレンプ U字型単眼携帯顕微鏡 Klemi ドイツ製
Compound microscope, Georg Kremp Traveling microscope "Klemi", German
製作年：1924～1935年
刻印：Klemi No.1831 D.R.G.M.（ドイツ帝国意匠）Made in Germany 絞り無し 収納時はステージとミラーを垂直に回転させ、その間に鏡筒を降ろして来る 高さ：約180ミリ

*93*／ライツ 折畳み顕微鏡 MINOR ドイツ製
Compound microscope, Leitz Pocket microscope, "MINOR", German 製作年：1930年
刻印：Ernst Leitz Wetzlar 革製ケース付き 大変コンパクトに折畳める傑作 対物レンズ脇のつまみを回すとレンズが重なり、倍率を上げられる 倍率 7～250倍 1930年当時の価格は92円80銭であった。寸法／折畳み時：幅45×奥行き65×高さ124ミリ 組立て時：高さ約220ミリ

*96*／ライツ　V字型単眼携帯顕微鏡　ドイツ製
Compound microscope, Leitz "Large traveling microscope", German　製作年：1934年
刻印：Ernst Leitz Wetzlar no.313882　3穴レボルバ付き　コンデンサ付き　鏡筒部傾斜可能　1929年当時の価格は収納箱入りセットで380円であった
高さ：約330ミリ

*97, 102-103*／1本支柱単眼偏光顕微鏡
無銘
Polariscope, unsigned
製作年：1860〜1880年
刻印：無し　当時はコンデンサと接眼レンズの位置に、偏光フィルタではなく方解石が使われていた
高さ：約385ミリ

*98*／解剖顕微鏡　無銘
Dissecting microscope, unsigned
製作年：1840〜1880年代
刻印無し　収納箱にボールをねじ込んで使用する。
高さ／低倍時：約210ミリ　高倍時：約190ミリ

*99*／クラウゼ　解剖顕微鏡　アメリカ製
Dissecting microscope, Bausch & Lomb, American　Jacob Bausch（1830〜1926）& Henry Lomb（1828〜1908）
製作年：1914〜1925年
刻印：KRAUSS.BAUSCH & LOMB PARIS, ROCHESTER, N.Y. U.S.A. TOKYO, ST.PETRSBOURG. 解剖顕微鏡は1740年に初めて作られた。両肘を乗せ、ピンセットとメスを持って操作する。幅：485ミリ　高さ：レンズ10×の時は約165ミリ、レンズ20×の時は約150ミリ。

*100-101*／ウインケルツァイス　U字型金属顕微鏡＋ライツ　落射暗視野照明（ウルトロパーク）
ドイツ製　Compound microscope, Winkel-Zeiss and Leitz "Ultropak", German　製作年：ツァイス1935年頃、ライツ1896〜1920年
刻印：WINKEL-ZEISS GÖTTINGEN Nr.27144 Ernst Leitz Wetzlar 645　粗動、微動装置付き、ステージ　複式十字動　接眼：Ernst Leitz Wetzlar 4、　対物：R.11×　金属などを観察する時には、光を真横から照らし45度のハーフミラーで垂直に落とす。その反射光を再びハーフミラーを通して垂直に接眼レンズにもって行く。高さ：約340ミリ

*104*／ライツ　水平顕微鏡　VRM　ドイツ製
Compound microscope, Leitz　Vertical reading microscope "VRM", German　製作年：1919年
刻印：Ernst Leitz Wetzlar No.196631　植物の成長観察などに使われたという。水準器付き。1930年当時の価格は161円60銭であった。最低高さ：415ミリ　最高高さ：635ミリ

*105*／ライツ　落射暗視野照明（ウルトロパーク）付き自在顕微鏡　ドイツ製　Compound microscope, Leitz Metallurgical microscope, German　製作年：1910年　刻印：E. Leitz Wetzlar No.132985　ウルトロパーク刻印：Ernst Leitz Wetzlar Germany Nr.16538　ウルトロパーク（落射暗視野照明）　対物レンズケース　Leitz Ultropak　対物刻印：Ernst Leitz Wetzlar UO 3.8 Reliefcondensor　鉱物など標本が傾斜している場合、台を調整して水平を出し鏡筒もそれに倣って調整する　高さ：約310ミリ

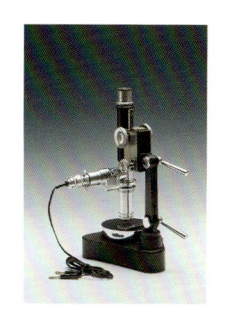

*106-107*／フェス　U字型単眼偏光顕微鏡
ドイツ製
Compound microscope, Fuess Petrographical microscope, German　製作年：1907年頃
刻印：R. FUESS STEGLITZ-BERLIN 1494　鏡筒部傾斜可能　高さ：約430ミリ

*108-109*／ライヘルト　単眼金属顕微鏡　オーストリア製
Compound microscope, Reichert Metallurgical microscope, Austrian　製作年：1918年
刻印：C. REICHERT WIEN No.60111　収納箱の扉に大正13年6月14日　落射照明のランプとミラー付き　2カ所のボールジョイントはレバーの軽い締め付けで固定される。また、ステージも自由な角度が可能　対物：3、5、　接眼：I、II　高さ：約260ミリ

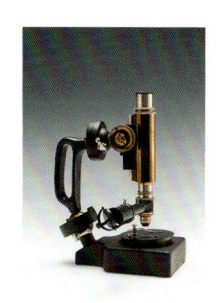

*110-112*／ライヘルト　U字型単眼偏光顕微鏡
オーストリア製
Compound microscope, Reichert Petrographical microscope, Austrian　製作年：1925年
刻印：REICHRT WIEN No.77989　回転ステージ　ハネノケコンデンサ付き　鏡筒部　傾斜可能　また、岩手県花巻市の宮沢賢治記念館がほぼ同型を所蔵している　高さ：約380ミリ

あとがき

　ミクロの世界を撮ってみたいと思い立ち、浜野さんのお店を訪ねたのは1973年の3月であった。それ以来、機器の購入や友人を紹介するなどの繋がりが続いて来た。そして、2007年秋からは、浜野コレクションをホームページ用に撮影させて頂くことになった。

　しかし、次の代に顕微鏡店を継がせるお考えは無く「日本では1000台以上ある顕微鏡を纏めて引き取ってくれるところが無い。自分が死んだらただの鉄屑になってしまう」という悲観的なお話を何度も伺う。

　顕微鏡が発明されて約400年、欧米には顕微鏡博物館が数多くあるが、日本にはその文化が根付いていない。何処も関心を示さないなら、貴重な工業遺産の一部でも印刷物にして残さなければ、という使命感もあり、2009年の秋から写真集を意識した撮影に切替えた。そして、貴重な顕微鏡を大切に保存しようという時代が早く来ることを願っている。

　今回の出版にあたり、浜野一郎氏、カールツァイス マイクロスコピーの田中亨氏、ライカマイクロシステムズの新田浩氏には大変お世話になった。特に新田氏には古い顕微鏡のメーカー名、型番、製作年代、そのほか英文表記など、多岐に亘ってご教示頂いた。また、オーム社を紹介して下さった友人の田井宏和氏、快く出版を受け入れて下さった竹生修己社長並びに大久保智明出版局長に心より御礼申し上げます。その他、編集のアドバイスや原稿の一部を担当してくださった服部夏生氏、困難な構成作業をして下さったデザイナーの岡本明氏を始め多くの方々のお力添えに感謝している。

秋山 実

1930年生まれ。青山学院大学文学部英米文学科卒業。桑沢デザイン研究所リビングデザイン研究科（写真）卒業。大辻清司、北代省三両氏に師事。
1965年に新分野の工業写真家として独立。そのご建築写真も始める。
1973年から大型カメラで顕微鏡写真を始め、結晶などの抽象写真を広告関係に使うという新しい分野を開拓。千葉工業大学、東京工芸大学（短期）、桑沢デザイン研究所、東京YMCAデザイン研究所などの非常勤講師を勤めた。
全国カレンダー展、全国カタログポスター展などで受賞。個展5回の他、協会展、グループ展、世界デザイン博など多数出品。

**写真集など**
「ミクロのデザイン」 学習研究社 1986年
「ミクロ・アート」 河出書房新社 1992年
「ミクロ・コスモス」 河出書房新社 2003年
DVD「リキッド・クリスタル」 ポニーキャニオン 2004年
「千代鶴是秀写真集①」－是秀と先人たちが作り出した珠玉の手道具－ ワールドフォトプレス 2007年
「千代鶴是秀写真集②」－鍛冶たちが引き継いでゆく日本の手道具文化－ ワールドフォトプレス 2008年

**共著**
「和風住宅」 実業之日本社 1972年
「和風の玄関廻り詳細」 －降幡廣信作品30題－ 建築資料研究社 1979年
「生きている地下住居」 －中国の黄土高原に暮らす4000万人－ 彰国社 1988年
「民家の再生」 －降幡廣信の仕事－ 建築資料研究社 1989年
「日本の伝統工具」 鹿島出版会 1989年
「西岡常一と語る木の家は三百年」 農山漁村文化協会 1995年
「千代鶴是秀」 －日本の手道具文化を体現する鍛冶の作品と生涯－ワールドフォトプレス 2006年

**所属**
公益社団法人 日本広告写真家協会 会員
日本自然科学写真協会 会員
日本建築写真家協会 会員
日本写真芸術学会 会員

URL http://home.a06.itscom.net/akiyama/

## 参考資料

世界の顕微鏡の歴史　小林義雄
顕微鏡の歴史　田中新一　九州文庫出版社
写真で見る顕微鏡発達の史的展望　林春雄
ミクログラフィア図版集　ロバート・フック　永田英治・板倉聖宣：訳　仮説社
シングル・レンズ　－単式顕微鏡の歴史－　B.J.フォード　伊藤知智夫：訳　法政大学出版局
NOTES OF MODERN MICROSCOPE MANUFACTURERS　Brian Bracegirdle　Quekett Microscopical Club
The Great Age of the MICROSCOPE　G L' E Turner　Adam Hilger
わが国の顕微鏡の歩み　科学博物館後援会
レンズ・ミクロマクロ　INAX名古屋ショールーム
硝子の驚異　F・シェッフェル　藤田五郎：訳　天然社
100Years Carl Zeiss in Japan　カールツァイスジャパングループ
カールツァイス100周年記念サイト　カールツァイスジャパン各社
会社案内　ライカマイクロシステムズ
光とミクロと共に ニコン75年史　ニコン
OLYMPUS 90 Social In FORUM（創立90周年記念 広報誌）　オリンパス
オリンパスホームページ　オリンパスの歩み　顕微鏡の歴史　オリンパス
千代田顕微鏡の歴史　サクラ精機
エム・カテラ光学器械製作所（カタログ）　1920年　いわしや松本器械店
ライツ顕微鏡図解（カタログ）　1929年　万木九兵衛商店
ライツ顕微鏡カタログ　1930年　シュミット商会
オリンパス顕微鏡カタログ　1938年　高千穂製作所

本書を発行するにあたって，内容に誤りのないようできる限りの注意を払いましたが，本書の内容を適用した結果生じたこと，また，適用できなかった結果について，著者，出版社とも一切の責任を負いませんのでご了承ください．

---

本書は，「著作権法」によって，著作権等の権利が保護されている著作物です．本書の複製権・翻訳権・上映権・譲渡権・公衆送信権（送信可能化権を含む）は著作権者が保有しています．本書の全部または一部につき，無断で転載，複写複製，電子的装置への入力等をされると，著作権等の権利侵害となる場合があります．また，代行業者等の第三者によるスキャンやデジタル化は，たとえ個人や家庭内での利用であっても著作権法上認められておりませんので，ご注意ください．

本書の無断複写は，著作権法上の制限事項を除き，禁じられています．本書の複写複製を希望される場合は，そのつど事前に下記へ連絡して許諾を得てください．

(社)出版者著作権管理機構
(電話 03-3513-6969, FAX 03-3513-6979, e-mail：info@jcopy.or.jp)

JCOPY ＜(社)出版者著作権管理機構 委託出版物＞

- 本書の内容に関する質問は，オーム社出版部「(書名を明記)」係宛，書状または FAX (03-3293-2824)にてお願いします．お受けできる質問は本書で紹介した内容に限らせていただきます．なお，電話での質問にはお答えできませんので，あらかじめご了承ください．
- 万一，落丁・乱丁の場合は，送料当社負担でお取替えいたします．当社販売課宛お送りください．
- 本書の一部の複写複製を希望される場合は，上記を参照してください．

---

マイクロスコープ
浜野コレクションに見る顕微鏡の歩み

平成 24 年 11 月 1 日　　第 1 版第 1 刷発行

著　者　秋山　実
発行者　竹生修己
発行所　株式会社オーム社
　　　　郵便番号　101-8460
　　　　東京都千代田区神田錦町3-1
　　　　電話　03 (3233) 0641（代表）
　　　　URL　http://www.ohmsha.co.jp/
ブックデザイン：岡本　明
© 秋山 実 2012

印刷・製本　大日本印刷株式会社
ISBN978-4-274-21283-3　Printed in Japan

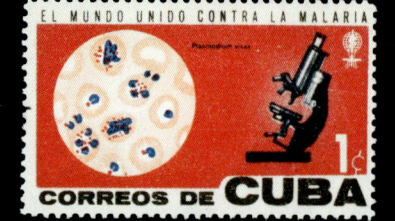

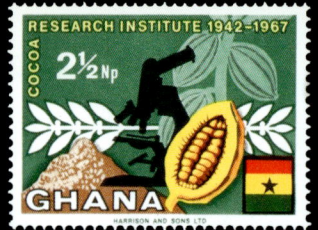

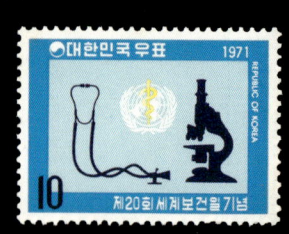